超音速火焰喷涂微纳米陶瓷涂层组织性能分析及激光重熔研究

郭华锋　著

中国矿业大学出版社

·徐州·

内 容 提 要

本书基于超音速火焰喷涂技术和激光重熔技术，以改善 Ti6Al4V 钛合金耐磨性为目的，以理论分析、数值模拟、试验研究、涂层质量优化及控制为主线，系统研究了微米结构及微纳米结构 WC-12Co 涂层对金属表面的防护机制。

本书可供机械工程、材料科学与工程等相关专业的研究人员借鉴、参考，也可供广大教师教学和学生学习使用。

图书在版编目（ＣＩＰ）数据

超音速火焰喷涂微纳米陶瓷涂层组织性能分析及激光重熔研究/郭华锋著.—徐州：中国矿业大学出版社，2024.8

ISBN 978 - 7 - 5646 - 5862 - 5

Ⅰ.①超… Ⅱ.①郭… Ⅲ.①金属陶瓷涂层－性能－研究②金属陶瓷涂层－激光加工－重熔－研究 Ⅳ.①TG174.453

中国国家版本馆 CIP 数据核字(2023)第 110114 号

书　　名	超音速火焰喷涂微纳米陶瓷涂层组织性能分析及激光重熔研究
著　　者	郭华锋
责任编辑	何晓明　耿东锋
出版发行	中国矿业大学出版社有限责任公司
	（江苏省徐州市解放南路　邮编221008）
营销热线	(0516)83885370　83884103
出版服务	(0516)83995789　83884920
网　　址	http://www.cumtp.com　E-mail:cumtpvip@cumtp.com
印　　刷	苏州市古得堡数码印刷有限公司
开　　本	787 mm×1092 mm　1/16　**印张** 12.5　**字数** 245 千字
版次印次	2024 年 8 月第 1 版　2024 年 8 月第 1 次印刷
定　　价	48.00 元

（图书出现印装质量问题，本社负责调换）

前　　言

　　Ti6Al4V 钛合金具有低密度、高比强度和良好的耐腐蚀性等优点,在航空航天、石油化工及民用领域应用日益广泛。但其耐磨性差已成为国内外学者的共识,表面涂层技术是提升钛合金表面耐磨性的有效途径。常规涂层依然存在高孔隙、多裂纹等问题,如何制备高质量耐磨涂层并实现质量可控越来越受到广大研究者的重视。

　　本书以钛合金基体为研究对象,采用理论分析、数值模拟和试验相结合的研究思路,基于超音速火焰喷涂技术成功制备微米和微纳米结构 WC-12Co 涂层,对比分析了两种涂层的微观组织和性能。建立了工艺参数和涂层质量间的多元回归数学模型并优化了涂层质量。最后采用激光重熔技术实现涂层-基体间界面行为的转变,探索出获得高质量激光重熔涂层的工艺路线。

　　全书共 7 章。第 1、2 章为必要的基础知识。第 3 章对超音速火焰喷涂涂层形成机制进行了较为深入的分析。第 4、第 5、第 6 章为科研实践和学术成果的归纳与总结,分析了超音速火焰喷涂微纳米 WC-12Co 涂层组织结构及性能,以正交试验为基础采用统计学回归分析手段建立了工艺参数-涂层质量间的数学模型,预测和优化了涂层质量。最后利用激光重熔技术实现了超音速火焰喷涂涂层性能的进一步提升。第 7 章进行了总结与展望。

　　本书的部分研究内容得益于国家自然科学基金、江苏高校"青蓝工程"项目的资助,在此表示真诚的感谢。本书编写过程中引用了国内外许多学者的研究成果,对这些作者一并表示感谢。

　　由于水平和学识有限,书中难免存在不妥和疏漏之处,敬请广大读者批评指正。

著　者

2024 年 5 月

目　　录

第1章 绪 论

1.1 钛合金的应用与摩擦磨损

1.1.1 钛合金的特点及应用

钛合金是以钛元素为基础添加其他元素所形成的合金,作为一种新型结构材料拥有一系列优异的性能:密度小、比强度高、抗腐蚀性能好和良好的生物相容性[1-2]。其在军事工业、生物医学和民用领域创造了巨大的经济和社会效益,已被世界多个军事强国列为重点发展的 21 世纪具有战略意义的新型结构金属材料[3],各国对钛合金的需求非常旺盛,我国以每年 20%～30% 的需求量递增。军事工业中主要用于航空航天、舰船等领域,如用于机体、发动机和机载设备。据统计,美国第 5 代战斗机 F-35 用钛量已高达 27%,F-22 战机用钛量更是高达 41%[4]。我国军用航空发动机中钛合金用量也已达到 25%。民用航空领域的使用量也在不断加大,如空客 A380 用钛量占总质量的 10%,波音 777 占比为 7%～8%。我国商用客机 ARJ21 用量为 4.8%,而 C919 用量为 9.3%[5],C919 钛合金主要应用部位如图 1-1 所示。此外,钛合金优异的抗腐蚀性能使其在舰船领域应用也非常广泛,主要用在潜艇、深潜器和鱼雷发射装置等方面[6]。

Ti6Al4V 钛合金(国内牌号为 TC4)是 1954 年美国成功研制出的第一种实用钛合金,用量占到整个钛合金家族的 60% 左右。在航空工业中主要应用在发动机风扇、压气机盘、叶片、梁、接头等重要的载力构件,几乎涵盖了所有重要部位。如在 C919 中就用在了机身、机翼、吊挂、承力接头、机身蒙皮和机翼滑轨等部位。此外,在民用领域纺织机械中,精梳机的钳板以及耐磨性要求较高的棉纺细纱机钢领也均已采用钛合金制造。

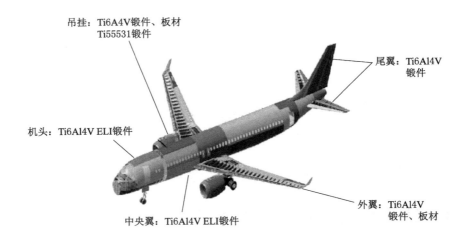

图 1-1 C919 钛合金主要应用部位

1.1.2 钛合金的摩擦磨损

实际上在 20 世纪 80 年代以前就有人提出钛合金耐磨性较差的问题,这几乎伴随着钛合金的发展和应用[7],后续大量的研究进一步证实了该观点[8-9]。究其原因,钛合金的化学活性强,特别是在 400 ℃以上时容易吸收 O、H、N 等元素发生化学反应,造成塑性和冲击韧性减小。此外,钛合金导热率小、容热性差、氧化热熔高,对黏着磨损和微动磨损非常敏感;摩擦因数大,在高温高速下摩擦容易着火燃烧(钛火)及抗高温氧化能力较差,严重影响了结构件的可靠性,在一定程度上制约了其应用范围的进一步拓宽[10]。由摩擦而发生钛火的故障已经出现在多种发动机中,如:飞马发动机,F-100、F-404 发动机等。文献[11]采用双圆环结构的试验件基于旋转摩擦条件进行 TC4 钛合金的钛火模拟试验,最后发现 TC4 钛合金在高速摩擦下完全燃烧,如图 1-2 所示。

此外,钛合金的抗塑性剪切能力较弱,与高硬度对偶件对磨时也容易发生黏着磨损、磨粒磨损,甚至大面积剥落。干摩擦时,产生的高温还可能引起严重的氧化磨损。由于耐磨性较差,当零件发生微动磨蚀时,还会引起疲劳强度的急剧下降,造成疲劳破坏。

白威等[12]研究了在干摩擦条件下,钛合金盘与陶瓷球配副的摩擦因数与载荷、摩擦速度和钛合金硬度的变化关系,并分析了磨损体积、表面形貌和磨

（a）静子（TC4）　　　　　　　（b）转子（TC4）

图 1-2　TC4 钛合金试验件[11]

损机制。通过正交试验发现,对摩擦因数影响的主次因素分别是摩擦速度、载荷、基体硬度。随着摩擦速度的增加,摩擦因数先增大后减小,磨损体积先减小后增大,从磨粒磨损转变为剥层磨损。随着载荷的增大,陶瓷球与钛合金配副的摩擦因数和磨损失重均增大,并且钛合金的磨损机制与载荷大小密切相关,随着载荷的增加,从磨粒磨损转变为黏着磨损和氧化磨损。

雷达等[13]对钛合金进行深冷处理,并研究深冷处理后钛合金的显微硬度、微观组织和摩擦磨损性能。结果表明,深冷处理在一定程度上能够提高钛合金的显微硬度。但在摩擦磨损过程中,摩擦因数增大,磨损反而剧烈。磨损形式主要表现为磨粒磨损、黏着磨损和氧化磨损,与未进行深冷处理的钛合金相比,深冷处理后的黏着磨损更加明显。

张志文等[14]研究了 TC4 钛合金金属丝干摩擦磨损性能并深入讨论了磨损机制。结果表明,在低载荷、低速工况下主要表现为氧化磨损和磨粒磨损,而在中载荷和中速工况下主要表现为氧化磨损和黏着磨损,高载荷工况下磨粒磨损占主导,高速工况下氧化磨损占主导。

Straffelini 等[15]研究了 Ti6Al4V 钛合金与 AISI M2 钢配副时,在滑动速度 0.3~0.8 m/s、载荷 50~200 N 工况下的干滑动摩擦行为。结果表明,随着速度的提高氧化磨损机制逐步减弱,低速时[0.3 m/s,图 1-3（a）]磨痕表面出现较深犁沟,存在较严重的磨粒磨损;高速时[0.8 m/s,图 1-3（b）]磨痕表面稍微光滑,但磨粒磨损依然是其主要磨损机制。进一步分析磨损截面发现,Ti6Al4V 钛合金磨痕表层显微硬度高达 1 000 $HV_{0.05}$,次表层出现了塑性变形层,显微硬度为 400~500 $HV_{0.05}$,表层与基体黏附性较差且脆,是形成磨屑的主要诱因。与 SAE 52100 钢在室温干摩擦条件下对磨时同样发现速度在

0.4～1 m/s 范围内磨损机制从氧化磨损转变为剥层磨损且磨损率随着速度增高而降低[16]。

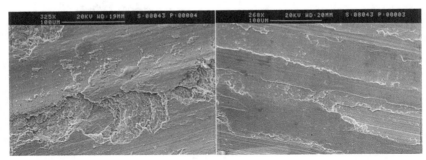

（a）速度0.3 m/s　　　　　　　（b）速度0.8 m/s

图 1-3　不同速度下 Ti6Al4V 钛合金磨损表面[15]

Qiu 等[17]采用扫描电镜、能谱仪和显微硬度计等手段研究了干滑动磨损条件下 Ti6Al4V 钛合金的滑动摩擦磨损行为,滑动速度为 30～70 m/s,接触应力为 0.33～1.33 MPa。结果表明,高速干滑动摩擦条件下,磨损机制以剥层磨损为主。在较大接触压力和较高的滑动速度下(速度 70 m/s,接触应力1.33 MPa),表层分层现象更加明显,而且出现大量的裂纹,甚至有熔化的痕迹,如图 1-4 所示。这表明钛合金剥层磨损主要来自法向接触应力、摩擦剪应力以及热应力的共同作用。

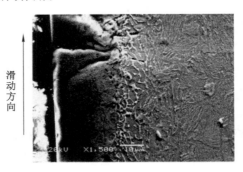

图 1-4　Ti6Al4V 钛合金磨痕纵剖面[17]

Xie 等[18]对比研究了 Ti6Al4V 钛合金和 Ta-Zr 涂层的耐磨性能和耐腐蚀性能,发现在相同摩擦条件下 Ta-Zr 涂层的质量损失比基材低很多(约为基材的 1/60),涂层的耐磨性能远大于 Ti6Al4V 钛合金。涂层的磨损机制由磨料磨损和轻微的黏着磨损决定,但对于基材来说,黏着磨损占主导地位。

Sahoo 等[19]研究了干滑动摩擦工况下 Ti6Al4V 钛合金和 EN-31 钢对磨时的摩擦学特性,在速度 0.3~0.9 m/s 和载荷 60~100 N 下随着速度的增加摩擦因数降低,磨损率先减小后增大,磨损机制由低速时的氧化磨损转变为高速时的剥层磨损,磨损机制转变时磨损率最小。

总之,相比钛合金在多种苛刻环境下的适应性,其摩擦学性能并不令人满意,已逐步引起了研究者的重视,国内外学者开始系统性研究其摩擦学性能。基于此,通过表面涂层技术改善其耐磨性已势在必行。

1.2　陶瓷涂层材料及钛合金表面处理技术

国内外学者对 Ti6Al4V 钛合金表面改性工作已进行了较多的研究,也取得了较为丰硕的成果。迄今为止,已经采用了离子注入[20]、等离子体电解渗碳/氮技术[21]、气相沉积[22]、激光熔覆(重熔)[23]、等离子喷涂[24-25]、超音速火焰喷涂[26-27]等工艺在其表面制备耐磨涂层。但上述方法中前三者具有固态溶解度小及扩散速度慢等缺点,涂层常常不理想。激光熔覆技术工艺简单,但由于涂层和基体材料间存在热力学参数差异,熔覆层中容易产生极大的热应力,导致出现裂纹且不易控制。因此本节只重点论述与本书相关的超音速火焰喷涂、等离子喷涂及激光重熔技术。

1.2.1　陶瓷类耐磨涂层材料

陶瓷类材料在耐磨涂层中的应用是极为广泛的,通常主要分为:氧化物类陶瓷(Al_2O_3[28]、Al_2O_3-13% TiO_2[29]、Al_2O_3-40% TiO_2[30])、氮化物类陶瓷(TiN[31])和碳化物类陶瓷(Ni/WC[32]、Cr_3C_2-NiCr[33]、WC-10Co-4Cr[34-35]、WC-12Co/WC-17Co[36-38])等。国内外常用陶瓷类涂层的研究现状见表 1-1。

表 1-1　国内外常用陶瓷类涂层的研究现状

研究者	主要研究内容及结论
邵若男等[28]	Al_2O_3 类陶瓷熔点高、硬度高、刚性大,化学稳定性好。但单一的 Al_2O_3 粉末对钢、钛、铝等金属基体的湿润性较差且结合强度低,涂层孔隙率较大,因此一般添加第二相材料进行混合形成复合粉末进行涂层制备,这样可显著提高涂层性能

表 1-1（续）

研究者	主要研究内容及结论
Deepak 等[29]和周志强等[30]	TiO_2熔点比 Al_2O_3 低，硬度也比 Al_2O_3 稍低，但其湿润金属的能力要远高于Al_2O_3，具有更强的黏结能力。使用最为广泛的就是 Al_2O_3-13％TiO_2（AT13）和Al_2O_3-40％TiO_2（AT40）两种。尤其是 AT13，具有优异的耐磨、减摩、耐蚀和适于精加工等综合性能，应为极为广泛。AT40 的 TiO_2 含量高达 40％，与基体金属黏结性极好，热喷涂涂层非常致密，结合强度高，韧性好，但由于 TiO_2 含量高，涂层硬度略有下降，但耐黏着磨损，耐蚀性能极佳
石颖等[31]	TiN 熔点和硬度都很高，化学性能稳定，但在高温下容易释放出氮而失去其特性，因此通过控制工艺和参数来保证涂层中氮含量及相组成不变是关键。等离子喷涂TiN 涂层表现出较高显微硬度（1 330 $HV_{0.1}$）和较好的致密性，但表面仍存在少量小颗粒及孔洞和微裂纹
Liu 等[34]	采用超音速火焰喷涂制备的 WC-10Co-4Cr 涂层，硬度约为中碳钢基体的 4.4 倍，在当前磨损条件下 WC-10Co-4Cr 涂层的磨损痕迹宽度和深度、磨损体积和磨损率分别约为中碳钢的 96.01％、4.51％、4.17％和 4.98％
Zhao 等[35]	采用超音速火焰制备的 WC-10Co-4Cr 涂层，组织致密，显微硬度超过 1 350 $HV_{0.05}$，远高于 TC4 基体，涂层主要由 WC 相组成，伴随少量的 W_2C 相。与 TC4 合金相比，涂层具有优异的抗滑动磨损性能
王群等[39]	WC 颗粒尺寸从微米级降至亚微米级，超音速火焰喷涂涂层的硬度和强度急剧增加，纳米结构的 WC-12Co 材料与传统材料相比具有更高的硬度和断裂韧性，其耐磨性能更加优越
Huang 等[40]	超音速火焰喷涂制备的纳米结构、双峰态和多峰态 WC-10Co-4Cr 涂层组织和性能对比研究发现，多峰涂层微观组织更致密，具有更低的脱碳率、更优的抗腐蚀和浆液侵蚀性能。其抗浆液侵蚀性能比纳米结构和双模态涂层分别提高了 18％和11％。此外，多模态涂层中多尺度 WC 晶粒分布均匀，有效降低了在 NaCl 溶液中加速腐蚀过程中的材料损失率

WC-Co 系列金属陶瓷涂层是一种 WC 为硬质相、Co 为黏结相的硬面涂层，具有高硬度、高耐磨性和一定的韧性等优点，常用于金属零部件的表面防护或再制造修复领域[41-42]，已成为应用最为广泛的耐磨涂层材料之一。此外，WC-Co 涂层还表现出优异的抗冲蚀磨损性能[43]，在 30°冲蚀磨损条件下，失效行为表现为疲劳剥落和微切削两种特征；在 90°攻角下失效模式主要是

垂直于表面的磨粒冲击力导致涂层疲劳剥离。在耐冲蚀性能方面,纳米结构和微纳米结构涂层具有更优良的抗冲蚀性,其耐泥浆冲蚀性能分别提高 50% 和 20% 以上[44]。纳米稀土材料 CeO_2 的添加可显著提高 WC-Co 涂层的显微硬度和结合强度,并且可抑制 WC 颗粒的脱碳。当纳米稀土含量在 1.5%(质量分数,下同)时,涂层的耐磨性最好[45]。在抗空蚀磨损方面,微纳米结构 WC-Co 系列涂层同样具有巨大优势,空蚀率仅为微米涂层的 1/4,原因在于纳米结构 WC 的存在提高了涂层的硬度,同时也提高了涂层的韧性,从而阻止了微裂纹的扩展[46]。

可见,WC-Co 涂层良好的综合性能使其应用范围非常广泛。目前纳米结构及纳米颗粒添加形成的微纳米结构 WC-Co 涂层的制备是该领域的研究热点。

1.2.2　超音速火焰喷涂及等离子喷涂技术

超音速火焰喷涂包括超音速氧气火焰喷涂(High Velocity Oxygen Fuel,HVOF)和超音速空气火焰喷涂(High Velocity Air Fuel,HVAF),也称高速火焰喷涂。其实质是采用高效燃烧室基于拉瓦尔喷嘴将焰流速度提高到至少 2 马赫以上,粉末沿着轴向或径向由惰性气体送入,然后在焰流中被加速、加热、熔化,撞击基体表面铺展,冷却凝固形成涂层。该技术 20 世纪 80 年代初由美国的勃朗宁工程院完成研发,后来在诸多涂层公司的努力推动下得到了迅猛发展,到目前已经发展了四代。第一代超音速火焰喷涂系统以 Jet-Kote 喷枪为代表,焰流温度可达 2 800 ℃,粒子速度最高达 450 m/s,颗粒温度在 2 000 ℃ 以上。第二代以 1989 年美国 Sulzer Metco 公司的 Diamond Jet 和 Top-Gun 喷涂系统为代表。但前者无燃烧室和采用高压气体冷却枪筒,粒子加热加速效果较差,而且容易因为氧气吸入而导致涂层氧化,影响涂层质量。Top-Gun 喷涂系统火焰可实现高熔点氧化物陶瓷的喷涂,速度和粒子温度和 Diamond Jet 系统接近。然而第一、二代喷涂功率只有 80 kW,送粉量为 2.1～3.0 kg/h,涂层性能相差无几,整体性能不够理想。第三代是以 1992 年出现的以 JP-5000型喷枪为代表的超音速火焰喷涂系统,采用径向送粉方式,粉末粒子不经过燃烧室,可以有效减少碳化物的分解,并且送粉量达到 6～8 kg/h,粒子速度可达 600～800 m/s,且高速度撞击涂层会产生压应力,这就解决了大面积、厚涂层制备的技术难题。第四代超音速火焰喷涂系统主要以 TAFA 开发的 JP-8000 和美国 Sulzer Metco 开发的 EvoCoatT™-LF 系统为代表。在智能化、操控性、信息化处理等方面更进一步,采用了人机接口、触摸屏和质量流量控制等先进技术,确保了涂层质量的稳定性和可重复性,而喷枪、送粉器、冷水机组等与第三代几乎无差别。超音速火焰喷涂系统主要包括燃料供给系统、氧气-空气供给系统、点火系统、水冷系统、送粉系统、控制台、喷枪等部分。

等离子喷涂是利用钨极与水冷铜电极之间产生的非转移型压缩电弧产生的高温将金属或非金属粉加热到熔融态,随着焰流高速喷射并沉积到基体表面从而形成涂层的一种工艺过程。除上述两种工艺外,适合粉末喷涂的还有普通火焰喷涂、爆炸喷涂等。几种工艺各有特点,见表1-2。

表 1-2　常用粉末喷涂工艺

喷涂工艺	普通火焰喷涂	高速火焰喷涂	爆炸喷涂	大气等离子喷涂
热源来源	乙炔、丙烷等	航空煤油等	乙炔	等离子体发生器
焰流温度/℃	2 000～3 300	2 800～3 000	3 900～5 000	10 000～15 000
焰流速度/(m/s)	50～200	1 700	2 000	800
粒子速度/(m/s)	30～200	300～500	300～500	100～200
结合强度/MPa	27～35	>48～70	<90	40
送粉速度/(g/min)	50～100	20～120	16～40	50～100
喷涂距离/mm	120～250	200～400	100	60～130
工艺特点	设备简单、操控性好,适合喷涂熔点低于2 800 ℃的金属、合金及陶瓷粉末	涂层致密、结合强度高,具有低温高速特点,非常适合喷涂WC材料	涂层致密、结合强度高,可喷涂金属、陶瓷等粉末,但设备笨重、声污染严重	涂层孔隙率相对较高,结合强度低,可喷涂几乎所有难熔粉末

以超音速火焰喷涂和等离子喷涂工艺为代表的热喷涂技术在材料表面强化领域占有重要地位,广泛应用于各种涂层制备[47]。但等离子喷涂工艺的温度太高而速度又低,容易导致WC颗粒的分解和失碳,涂层性能下降。陈清宇等[48]分别采用等离子喷涂和超音速火焰喷涂制备了Ni基WC涂层,并对比分析了组织结构和性能。结果表明,与大气等离子喷涂技术相比,超音速火焰喷涂工艺制备的涂层中WC分解较少,涂层更加致密,力学性能和耐磨性能均较好。有些学者尝试通过一些后处理工艺如放电等离子烧结技术等来补偿等离子喷涂中的C损失[49],虽说对于涂层性能有所提升,但增加了工艺复杂程度和成本。超音速火焰喷涂技术的典型应用如图1-5和图1-6所示(图片来自网络)。

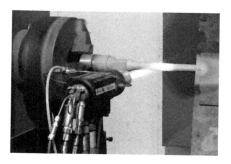

图 1-5　螺杆的超音速火焰喷涂　　　　图 1-6　抽油阀的超音速火焰喷涂

　　HVOF 喷涂工艺具有较低的温度和极高的焰流速度两个重要特征,涂层的显微硬度、结合强度及致密度等极其优异。HVOF 喷涂的 WC-Co、Fe-Cr-Ni、Cu-Ni-In 等涂层在航空工业中的应用非常成功。美国已经采用 HVOF 喷涂工艺逐步取代了常规等离子喷涂工艺来实现飞机涡轮发动机部件的修复,提高涂层耐磨性能的同时降低了成本。超音速火焰喷涂工艺在制备涂层方面的国内外研究现状见表 1-3。

表 1-3　超音速火焰喷涂工艺在制备涂层方面的国内外研究现状

研究者	主要研究内容和结论
秦玉娇等[50]	采用 HVOF 工艺在 Q235 钢基体上制备了 FeCrSiB 合金涂层,测试了涂层在碱性、酸性和中性溶液中的耐腐蚀性能,并与镀铬层的耐腐蚀性能进行对比。结果表明,涂层孔隙率为 0.65%,该涂层在 3.5%NaCl 溶液和 1 mol/L HCl 溶液中的耐腐蚀性能高于镀铬层,在 1 mol/L NaOH 溶液中的耐腐蚀性能低于镀铬层
Fan 等[51]	采用 HVOF 技术在 AISI 310 奥氏体不锈钢上制备了 Ni_3Al 涂层,优化了工艺参数,对优化后的涂层进行了 25～800 ℃ 宽温域的摩擦学试验。结果表明,涂层在 600 ℃ 时表现出最高的耐磨性能,具有较低的摩擦因数和磨损率。磨损机制主要为摩擦氧化磨损和轻微的磨粒磨损
Murariu 等[52]	用 S235JR 碳钢棒材通过 HVOF 方法获得了 WC-CrC-Ni 涂层,研究了盐水环境对 WC-CrC-Ni 涂层疲劳性能的影响,发现疲劳是降低 WC-CrC-Ni 防护涂层构件寿命的主要失效模式,而盐渍环境导致材料腐蚀,试样表面产生空洞和微裂纹,同时频繁的载荷循环有利于降解物的积累,最终导致涂层的开裂或剥落

表 1-3(续)

研究者	主要研究内容和结论
Liu 等[53]	采用 HVOF 工艺在 304 不锈钢基体上制备了 Cr_3C_2-25％NiCr 硬质合金涂层,并考察涂层的抗冲蚀性能和摩擦磨损性能。结果表明,涂层的冲蚀磨损损伤主要由开裂、疲劳断裂和剥落所引起。磨损机制主要包括由裂纹、碎片和硬质颗粒拔出所引起的剥落、分层和摩擦氧化
Baumann 等[54]	在回火 45 钢基体上通过 HVOF 工艺制备了常规、精细和纳米结构的 WC-12Co 涂层。研究表明,与常规的 WC-12Co 粉末相比,细微和纳米结构的 WC-12Co 粉末在沉积效率和涂层性能方面具有明显的优势。纳米结构涂层提高了显微硬度的同时保持了断裂韧性和孔隙率,而精细结构的涂层具有比常规和纳米结构涂层更高的硬度、更致密的结构以及更低的粗糙度
Mi 等[55]	采用 HVOF 工艺制备了常规和微纳米结构 WC-12Co 涂层。微纳结构 WC-12Co 涂层在摩擦学性能各项指标上均优于常规涂层。微纳米结构涂层显微硬度分散性更小。在保持高硬度的同时微纳米涂层还表现出了较高的韧性,磨损量也远小于常规涂层
王志平等[56]	对超音速火焰喷涂 WC-12Co 和 NiCrBSi 两种涂层进行了内聚结合强度、残余应力、显微组织、显微硬度和耐磨性能的研究,认为:① 热喷涂涂层内的内聚结合强度与粉末颗粒飞行速度呈正相关关系;② WC-12Co 涂层表面均为压应力,并且源于未熔化的 WC 颗粒对基体或涂层的冲击引起的压缩变形;③ HVOF 喷涂过程中 WC 颗粒几乎不发生分解和氧化,所有 HVOF 喷涂 WC/Co 涂层的显微硬度比离子喷涂涂层高很多;④ HVOF 喷涂 WC/Co 涂层具有相当高的耐磨性能,源于涂层的高硬度、高结合强度和低孔隙率

可以看出,HVOF 喷涂制备碳化物类金属陶瓷涂层方面已成为国内外学者关注的热点[57]。这是由于 HVOF 工艺所制备的碳化物陶瓷涂层失碳少、孔隙率低、结合强度高,还特别适合纳米级 WC 陶瓷材料涂层的制备[58]。研究表明[59],WC 颗粒尺度从微米级(1~10 μm)降至亚微米级(<0.4 μm)时,其硬度和强度分别增加到 93 HRA 和 4 000 MPa 以上,而且纳米结构的 WC-Co 材料具备更优异的硬度和断裂韧性,耐磨性更高。因而当前对 WC-Co 系列耐磨涂层的研究中,重点主要集中在纳米结构涂层和添加纳米颗粒形成的微纳米结构涂层上,尤其是后者良好的经济性更引起了广泛的重视[60]。WC-Co 系粉末是目前少有的几种能生产出纳米结构的材料[61],综合性能优异,但纯纳米结构的材料在喷涂过程中容易飞散,甚至无法沉积涂层,因此实

际应用中都是添加在微米结构粉末中形成微纳米结构进行喷涂。

众所周知,WC-Co 颗粒在喷涂过程中一般只有黏结相 Co 发生熔化而 WC 处于固态,是以液-固两相状态撞击基体从而形成涂层的。纳米 WC 颗粒比表面积大、活性高,更容易受热熔化和氧化,从而造成 WC 产生分解,性能反而下降,因此,工艺参数控制非常关键。HVOF 喷涂涂层-基体间界面结合以机械结合为主,抗冲击性能差,使得涂层性能并未充分发挥。激光重熔工艺为这一技术难题提供了新的解决思路,有望进一步提升热喷涂涂层的综合性能。

1.2.3　激光重熔技术

激光重熔技术利用高能激光束在预置涂层上进行扫描从而形成熔池,在熔池的对流和搅拌下使涂层成分更加均匀、晶粒更加细化、孔隙及裂纹消除,同时实现涂层-基体间的冶金结合,常用于热喷涂涂层的后处理,为钛合金的延寿和应用范围的拓宽奠定了技术基础[62]。激光重熔与热喷涂技术相结合的复合表面工程技术可以更好地挖掘热喷涂层潜能,是进一步提升涂层性能的有效途径[63]。陶瓷材料由于自身的脆性,激光重熔过程中容易开裂,当前激光重熔 Cr_3C_2-NiCr 和 Al_2O_3-40%TiO_2 的研究较多[64-65],但激光重熔 WC-Co 系涂层方面的报道还较少。文献研究表明[66],激光重熔可以消除等离子喷涂 Fe 基自熔性合金和 Ni 包 WC 混合粉末制备涂层的层状结构,形成外延生长的胞状晶、树枝晶及等轴晶等组织,涂层-基体间形成牢固的冶金结合。激光重熔后 WC 分布更为均匀,边缘发生溶解与基相形成牢固的冶金结合,涂层显微硬度和耐磨性能大幅度提高,是提高热喷涂涂层质量的一个重要手段。激光重熔热喷涂涂层的研究现状见表 1-4。

表 1-4　激光重熔热喷涂涂层研究现状

研究者	主要研究内容及结论
Ma 等[62]	对等离子喷涂的 Fe 基非晶合金进行了激光重熔前后对比研究。重熔层内部发生晶化产生硬质晶态金属间化合物,与基体形成冶金结合且涂层更为致密,进而改善涂层结合强度与性能。同时,在摩擦磨损中表现出更低的摩擦磨损系数和磨痕宽度,耐磨性显著提高
刘红斌等[67]	对 WC-12Co 陶瓷涂层进行了宽带激光重熔研究。发现激光重熔后晶粒得到了细化,涂层与基体结合强度增加,孔隙率降低,耐磨性能更加显著。重熔过程中 WC 发生不同程度分解。功率越大分解程度越高,功率在 2 kW 时 WC 分解最少且保证了冶金结合。扫描速度对提高重熔层硬度有一定作用

表 1-4（续）

研究者	主要研究内容及结论
花国然等[68]	对等离子喷涂 WC-12Co 涂层进行了激光重熔，分析了组织及耐腐蚀性能。结果表明，等离子喷涂过程中 WC 失碳较多，激光重熔工艺可提高涂层致密性，减少或消除孔隙及裂纹等腐蚀介质的渗入通道，使陶瓷涂层的耐蚀性提高
潘力平等[64]	对 HVOF 喷涂 NiCrBSi 合金与 WC-12Co 陶瓷混合粉末涂层进行激光重熔。采用正交试验法探究激光重熔工艺对涂层性能的影响，发现影响涂层性能的最主要因素是激光功率；在功率增大时涂层缺陷减少，熔深增加，涂层硬度表现出先增大后减小的趋势，同时提高了涂层耐磨性能
Kong 等[69]	采用 CO_2 激光对 WC-12Co 涂层进行激光重熔，分析涂层表面形貌与微观组织，进一步探索润滑条件下重熔前后涂层耐磨性能。结果表明，激光重熔可提高涂层致密性，改善涂层与基体间结合强度形成冶金结合，使陶瓷涂层的耐磨性提高

  笔者团队[70]采用热喷涂技术在 Ti6Al4V 钛合金表面制备了 Ni＋50％WC 金属陶瓷涂层，以扫描电镜、能谱仪、显微硬度计、销盘式摩擦磨损试验机、激光共聚焦显微镜等手段对陶瓷涂层的激光重熔进行了较为系统的研究，并得出了较多有益的结论，为后续 WC-Co 系涂层的研究提供了试验基础。图 1-7 所示为等离子喷涂及激光重熔涂层截面微观形貌，涂层呈现出典型的层状结构，孔隙率高达 9.7％，且出现了一定量的微裂纹，涂层与基体间为典型的机械结合方式[图 1-7(a)]。经激光重熔后涂层上部几乎无孔隙和微裂纹（区域 A），涂层中下部存在个别孔隙（区域 B），孔隙率大幅度下降至 1.3％。这源于激光重熔过程中在激光熔池的对流和搅拌下涂层中溶质实现了再分配，成分分布更加均匀，在后续急冷过程中形成非常致密的重熔层[图 1-7(b)]。同时可以看出，在高能激光束作用下涂层-基体间界面变得模糊，结合强度得以提高。在当前工艺参数下部分 WC 颗粒边缘发生部分溶解，在外缘表面形成较多针状树枝晶[图 1-7(c)]，部分 WC 颗粒边缘出现较多块状析出物[图 1-7(d)]，从而大大提高了 WC 颗粒与基相的内聚强度。重熔层中下部高倍形貌同样展示出激光重熔后涂层较高的致密度[图 1-7(e)]，充分说明激光重熔是提高热喷涂涂层的有效途径。

  激光重熔前后涂层显微硬度分布如图 1-8 所示。可以看出，激光重熔后涂层的显微硬度得到明显提升，热喷涂涂层显微硬度为 543～1 089.2 $HV_{0.3}$（均值为 741.7 $HV_{0.3}$），而经激光重熔后涂层显微硬度为 884.7～1 363.3 $HV_{0.3}$（均值为 1 000.9 $HV_{0.3}$）。相比基体（显微硬度均值为 347 $HV_{0.3}$）而言，

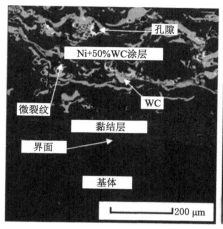

（a）等离子喷涂涂层

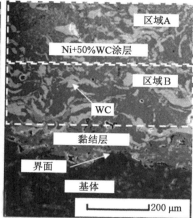

（b）激光重熔层

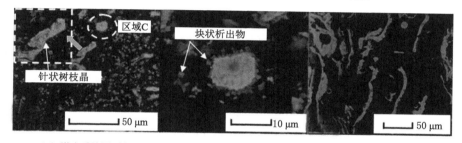

（c）激光重熔层顶部　　　　（d）区域C高倍形貌　　　　（e）激光重熔层中下部

图 1-7　等离子喷涂及激光重熔涂层截面微观形貌

热喷涂涂层显微硬度约为其的 2 倍,而激光重熔层是其的 3 倍。主要源于激光重熔后涂层更加致密,晶粒细化产生的细晶强化效应及 W_2C、Cr_2B 和 $Cr_{23}C_6$ 等硬质相产生的弥散强化效应的协同作用。

图 1-9 所示为 50 N 荷载下基体和涂层的摩擦因数曲线。可以看出,激光重熔涂层与热喷涂涂层的摩擦因数在 100 s 后基本保持稳定且无明显差异。激光重熔涂层的摩擦因数在 0.308~0.363 之间,均值为 0.331,热喷涂涂层摩擦因数介于 0.301~0.361 之间,均值为 0.336,基体摩擦因数均值为 0.283,低于两种涂层。原因在于钛合金基体承载力较低、耐磨性较差,在较重载荷作用下,磨损表面受到挤压并发生塑性变形,使得磨损表面变得光滑,剪应力较小,

从而摩擦因数较低。而激光重熔层和热喷涂涂层中由于加入了大量的 WC 硬质相,显微硬度显著增加,涂层表面的凸峰硬度随之增加,摩擦过程中产生较大的剪应力,造成摩擦因数增大。

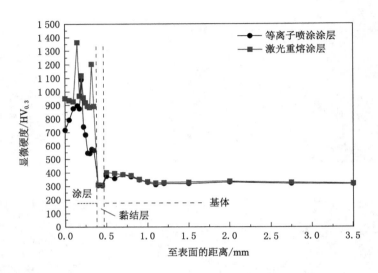

图 1-8　激光重熔前后涂层显微硬度分布

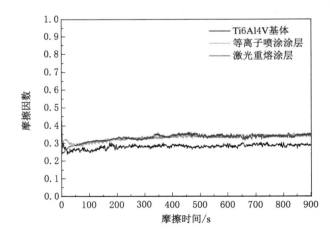

图 1-9　50 N 载荷下涂层及基体摩擦因数

图 1-10 所示为 50 N 载荷下涂层及基体磨损量。可以看出,热喷涂涂层和激光重熔涂层的磨损量远低于钛合金基体,两者均表现出优异的耐磨性。但热喷涂涂层磨损量为激光重熔涂层的 2.6 倍,因此激光重熔热喷涂涂层的耐磨性最为优异。

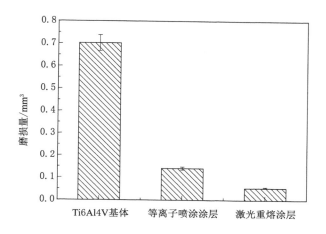

图 1-10　50 N 载荷下涂层及基体磨损量

　　为进一步分析基体及涂层磨损机制,采用扫描电镜和能谱仪对磨痕表面进行了分析,如图 1-11 所示。可以看出,基体表面有较深的犁沟和明显的塑性变形特征[图 1-11(a)]。塑性变形将显著增加磨损率。此外,可以看到局部磨损表面出现了一些剥层和磨屑。因此,在此工况下基体的磨损机制表现为以微切削和剥层磨损为主的磨粒磨损及部分黏着磨损,这与前人研究成果较为一致。热喷涂涂层磨痕表面只出现了一定量的沟槽,并无明显的塑性变形[图 1-11(b)],而激光重熔层磨痕表面沟槽更浅[图 1-11(c)]。结合两者能谱[图 1-11(d)、(e)]可以看出,磨痕表面只有涂层原始成分,并未出现对磨球(Si_3N_4)中的任何元素,说明对磨球和涂层之间没有发生元素间的相互转移,因此两者磨损机制均为磨粒磨损。

　　图 1-12 所示为基体及涂层磨痕表面 3D 激光共聚焦形貌。可以看出,基体磨痕深而宽,较为平滑。原因在于在较大的正压力作用下基体磨痕产生塑性变形,进而受到挤压变得光滑($Ra=4.585\ \mu m$)。而热喷涂涂层磨痕深度和宽度明显小于基体,也意味着磨损量小于基体、耐磨性高于基体。但磨痕表面 $Ra=5.809\ \mu m$,高于基体。经激光重熔后涂层磨痕并不明显,只有部分的表

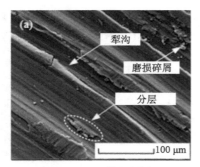

（a）Ti6Al4V钛合金基体

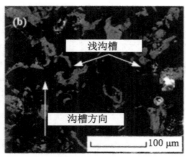

（b）热喷涂涂层

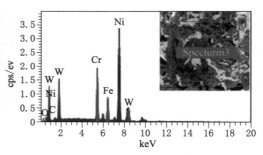

（d）热喷涂涂层磨痕面能谱

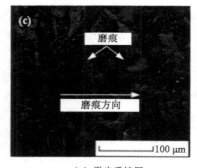

（c）激光重熔层

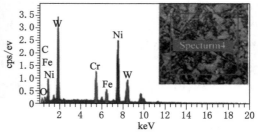

（e）激光重熔层磨痕面能谱

图 1-11　基体及涂层磨痕表面形貌及能谱

面凸峰被挤压折断,尚未形成明显的沟槽,而且磨痕表面粗糙度明显增加 ($Ra=8.775\ \mu m$)。因此,激光重熔涂层的磨损量远小于热喷涂涂层和基体。这主要由于激光重熔后涂层显微硬度显著增加,涂层内部硬质相分布更加均匀,使得对磨球较难犁削。从上述研究可以看出,激光重熔技术可以消除热喷涂涂层内部的孔隙及裂纹等缺陷,从而进一步提升热喷涂涂层的性能,是获得高质量涂层的一条有效途径。

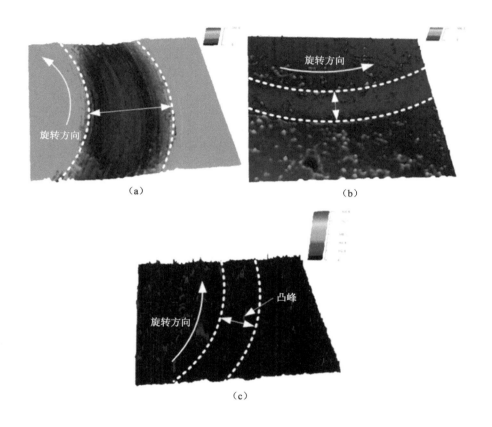

图 1-12 基体及涂层磨痕表面 3D 激光共聚焦形貌

同样,笔者对 WC-12Co 涂层也进行了前期激光重熔试验,在反复优化工艺参数下可以获得较为致密的激光重熔层,如图 1-13 所示。可以看出,经激光重熔后热喷涂涂层中的层状结构、裂纹及孔隙几乎完全消失,体现出了较强的工艺优势。激光重熔固然可以获得高质量的涂层,但同时也应注意如果工艺参数和前后处理工艺控制不当,依然会产生缺陷。如材料热力学性能的差异及激光熔池温度梯度不均匀产生的热应力所导致的裂纹。如图 1-14 所示,前期试验中激光重熔等离子喷涂 WC-12Co 涂层过程中所产生的裂纹及涂层剥落。因此,激光重熔过程中要关注基体的预热、工艺参数优化和后续保温处理,这是获得高质量重熔层的关键。

 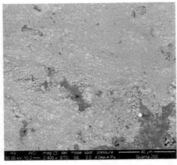

(a) 激光重熔前　　　　　　　　(b) 激光重熔后

图 1-13　激光重熔热喷涂 WC-12Co 涂层微观结构

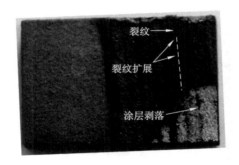

图 1-14　激光重熔热喷涂 WC-12Co 涂层裂纹及剥落

1.3　涂层质量预测及控制

涂层质量主要取决于材料因素和工艺因素,超音速喷涂过程中工艺参数众多,交互影响,很难建立统一的数学模型来描述工艺参数与涂层质量间的关系进行涂层质量的预测和控制。工艺参数优化通常要积累大量的工艺试验数据,工作量大、成本高。正交试验法是常用的一种工艺参数优化方法,但正交试验中水平和因素的选择依赖于较多的前期试验,而且只能获得现有因素水平中的较优值,既不能实现涂层质量的有效预测,也不能获得最佳的工艺参数[71]。统计学理论及其工具和人工神经网络及遗传算法的出现为解决这一技术难题提供了一条可行的途径。人工神经网络具有近似于人脑神经元的特性,具有高速并行运算及很强的学习能力,对于多因素、多目标、无法建立精确数学模型的模糊问题非常适合。Liu 等[72]开发了一种健全的方法建立了两种人工神经网络模型,并在考虑中间变量的情况下,预测 NiCr-Cr$_3$C$_2$涂层的显微硬度、孔隙率与磨损率和分析工艺参数的影响,利用试验验证模型的精度和可靠性,揭示了喷涂参数、飞行颗粒行为与涂层性能之间的相互关系。Anderson 等[73]在考虑诸多外部因素的情况下,建立人工神经网络模型预测WC 基涂层的磨损性能,通过试验对比,模型的所有输出结果误差均在−0.041%～0.14%的范围内,其中孔隙率误差仅为−0.041%～0.048%,表现出较高的模型精度,完全可用于实现工艺参数的优选。徐家乐等[74]基于正交试验分析,采用 RBF 神经网络建立了工艺参数与激光熔覆层稀释率之间的预测模型,并采用测试样本进行网络精度检验,利用训练后的预测模型对不同激光工艺参数下制备的 Co 基涂层稀释率进行了预测。结果表明,预测值和试验值之间的相对误差均小于 6%,说明该模型预测精度较高,可以用于指导工艺参数优选。刘干成等[75]针对 Ni 基合金在熔覆过程中成形质量难以控制的问题,建立了基于遗传算法优化的神经网络模型对熔覆层宏观形貌进行预测。结果表明,经过遗传算法优化后的网络模型预测精度较高,预测值与测试样本之间的平均相对误差仅为 3.951%,充分说明了该模型在理论与实际中的可行性。

　　但采用神经网络和遗传算编程较为困难,运算时间长,要反复调整输入参数,而且权值和阈值的随机性较大,结果可重复性偏低。采用统计学回归分析技术来处理试验数据和建立数学模型也是实际生产和科学试验中较为常见的技术,在农业、医学和管理学等领域得到了广泛应用。统计学所处理的关系本质上是一种非确定性的关系,自变量和因变量间既有联系但又不一定存在完全确定的函数关系。而 HVOF 工艺中涂层质量与工艺参数之间就是这种关系。因而采用统计学手段完全可以获取两者之间的内在联系和规律,为控制涂层质量提供明确的信息。表 1-5 给出了回归分析技术在涂层质量预测和优化方面的国内外研究现状。

表 1-5　回归分析技术在涂层质量预测和优化方面的国内外研究现状

研究者	研究内容、侧重点及主要结论
Nguyen 等[76]	通过设计 3 因素 3 水平的正交试验,考察超音速火焰喷涂 WC-12Co 涂层的工艺参数与性能之间的关系。基于多元回归的加权信噪比方法建立了喷涂参数与涂层显微硬度、结合强度和孔隙率间的数学模型,并验证模型精度,误差小于 4%,同时确定了最佳工艺参数
梁存光 等[77]	采用 Box-Behnken 模型的非线性回归模型与 BP 神经网络,基于响应曲面法设计并优化等离子喷涂 WC-12Co 涂层的工艺参数,建立工艺参数与显微硬度间的数学模型。通过回归模型和 BP 神经网络分别预测和优化涂层显微硬度,两者误差仅为 1.56%。同时,当电流为 390 A、氩气流量为 2 500 L/h 和喷距为 130 mm 时,显微硬度实际最大为 1 309.1 $HV_{0.5}$,预测值为 1 336.9 $HV_{0.5}$,误差仅为 2.1%
楚佳杰 等[78]	基于多元回归方程中响应曲面法设计等离子喷涂试验,优化涂层质量,并建立 3 种喷涂工艺参数与涂层孔隙率的二次方程响应模型,试验验证表明,该方程非正常误差占比较小且可信度高,可实现涂层孔隙率的预测和优化分析。在喷涂距离为 131.58 mm,送粉速率为 37.01 g/min 和喷涂功率为 31.09 kW 时,预测孔隙率为 2.5%,实测为 2.3%,误差较小且涂层致密
Leszek 等[79]	讨论等离子喷涂工艺参数与 Al_2O_3 中添加 40% 的 TiO_2 对涂层形貌和性能的影响,并对涂层的耐磨性和气蚀性能进行评价。采用多元回归方法进行工艺参数优化,获得的涂层硬度较高、耐磨性增强且摩擦因数较低,同时有着更小的孔隙率,有效提高了抗气蚀性能
刘越 等[80]	通过设计 3 因素 5 水平的正交试验,基于多元线性回归方程建立以激光熔覆工艺参数为预测变量、熔宽和熔高为响应变量的数学模型,该模型可以有效预测激光熔池宽度和高度,并通过试验验证了模型的可靠性

　　从现有文献来看,采用回归分析技术来预测和优化涂层质量是完全可行的,但国内外可检索到的文献非常有限,值得进一步深入分析和研究。

　　综上所述,综合考虑工艺可行性、材料可行性和技术经济性,采用 HVOF 喷涂技术在钛合金表面制备 WC-12Co 耐磨涂层是一种现实可行的方法,可以解决钛合金表面耐磨性差这一关键问题。微纳米结构涂层的制备是目前研究的热点,将为进一步提高涂层性能、防止涂层开裂等提供新的思路。然而工艺参数选择不当引起的多孔隙、微裂纹和失碳等问题依然需要进一步深入研究,以不断提升工艺潜能,充分发挥材料潜力,制备更优异的涂层来改善钛合金表面耐磨性。

1.4　本书的内容安排

1.4.1　本书的研究目的

Ti6Al4V 钛合金耐磨性差限制了其应用范围的进一步拓宽,如何提高钛合金表面耐磨性已经成为亟待解决的技术问题。表面改性技术是目前提高金属结构件服役性能最有效的途径之一。立足学科前沿,采用超音速火焰喷涂技术和激光重熔技术,配合微纳米粉末材料来制备高性能的金属陶瓷涂层。具有针对性、前沿性、学科交叉性,同时基础研究与应用研究并存,具有重要的理论意义。本书研究的主要目的是采用超音速火焰喷涂和激光重熔组合工艺在 Ti6Al4V 钛合金表面制备微纳米结构陶瓷涂层。从材料因素和工艺因素角度分析涂层形成机理;探求基体及涂层磨损机制;揭示工艺参数与涂层组织性能间的规律;建立工艺参数与涂层质量间的多元回归数学模型,预测和优化涂层质量;掌握激光重熔的内在机理,实现热喷涂涂层基体结合方式的转变,为有效提高钛合金表面耐磨性能、拓宽应用范围奠定技术基础。

1.4.2　本书的研究内容

本书以理论分析、数值模拟、试验研究、涂层质量优化及控制为主线,采用超音速火焰喷涂和激光重熔技术在 Ti6Al4V 钛合金表面分别制备微米结构 WC-12Co 涂层及微纳米结构 WC-12Co 涂层,系统分析粉末特性、涂层微观组织、相结构和摩擦磨损机理等性能特征。整体研究方案如图 1-15 所示,具体研究内容如下:

（1）粉末特性及超音速火焰喷涂涂层形成机制

以单个粉末颗粒为研究对象,以粒子时空独立性为前提遵循粒子飞行加速→加热→撞击→扁平化铺展→冷却凝固→涂层形成的主线,分析 HVOF 喷涂工艺原理和粒子动量传输特征,建立单个粒子飞行加热熔化有限元模型,研究粉末粒径和工艺参数对颗粒熔化的影响规律,讨论粉末结构特性对传热特征的影响,建立 WC-12Co 粉末熔化机制模型。分析验证粒子碰撞及扁平化行为,进而探求涂层形成机理。建立涂层残余应力模型分析涂层应力及其来源,重点讨论涂层-基体界面间的结合行为。分析涂层原生性微观结构的不均匀性和缺陷,为从材料因素和工艺因素方面控制涂层质量提供理论依据。

（2）超音速火焰喷涂涂层组织及性能分析

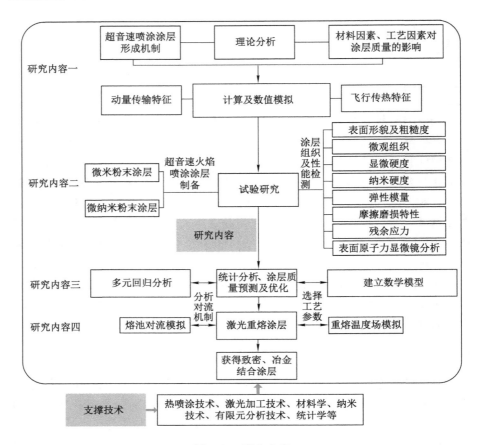

图 1-15　研究方案

以微米和微纳米结构 WC-12Co 粉末为原材料,采用 HVOF 喷涂工艺制备耐磨涂层。以透射电镜、扫描电镜等涂层微观结构表征手段和维氏硬度计、摩擦磨损试验机、X 射线应力测定仪等涂层性能表征手段研究涂层微观组织和性能。分析粉末特性及对涂层微观结构的影响。研究不同工艺参数对涂层表面及截面微观形貌及孔隙率的影响规律,分析涂层相结构及 WC 溶解和分解机理。讨论涂层显微硬度的分布规律及工艺参数对其影响,探讨微纳米涂层增强补韧机理。表征基体及涂层的摩擦学特性,掌握基体及涂层的磨损机理,为制备高质量涂层提供试验依据。研究涂层残余应力分布,分析超音速火焰涂层中残余应力的形成机理及控制措施。

（3）涂层质量优化及控制

基于正交试验采用统计学分析手段,建立工艺参数与涂层质量间的多元回归数学模型,完成模型的拟合优度检验、显著性检验和回归系数显著性检验,验证模型的可靠性和精度,预测和优化涂层质量,为涂层制备领域提供一条崭新的、可行的质量预测和控制手段。

(4) 超音速火焰喷涂涂层的激光重熔研究

以改变涂层基体间结合方式为目标对涂层进行激光重熔,分析激光重熔的消孔消隙机制。采用数值模拟手段建立激光熔池对流耦合场模型,实现激光熔池 Marangoni 效应的模拟,掌握涂层成分均匀化的主要驱动力,分析激光工艺参数对于熔池对流的影响机制。建立激光重熔过程三维温度场有限元模型,研究工艺参数对激光熔池的加热冷却规律。选择激光重熔工艺参数进行重熔试验,表征涂层微观结构。

第2章　试验材料及方法

本章主要对本书研究涉及的试验材料、试验方法、试验设备及性能检测手段进行介绍。

2.1　试验材料

2.1.1　基体材料

基体选用陕西宝鸡中宝泰金属有限公司生产的退火态 Ti6Al4V（国内牌号 TC4）钛合金板材，厚度为 5 mm。实测化学成分见表 2-1，室温下抗弯强度 σ_b 为 460 MPa，屈服强度 $\sigma_{p0.02}$ 为 355 MPa，线切割成 50 mm×50 mm×5 mm 的规格。

表 2-1　Ti6Al4V 钛合金化学成分　　　　　单位:％

Al	V	Fe	C	N	H	O	Ti
6.0	4.0	0.3	0.08	0.05	0.015	0.2	Balance

根据实测成分，采用大型热力学计算软件 JMatPro-v8 对 Ti6Al4V 钛合金从低温区到中高温区的相组成和热力学性能参数进行了精确计算，为后续数值模拟和性能分析提供准确数据。相组成如图 2-1 所示，随温度变化的密度、比热容、热传导系数及热焓分别如图 2-2 和图 2-3 所示。

2.1.2　涂层材料

涂层材料选用江西崇义章源钨业股份有限公司生产的微米和微纳米结构 WC-12Co 粉末，为便于表述文中分别命名为 P-WC$_m$ 和 P-WC$_{m/n}$，对应的涂层

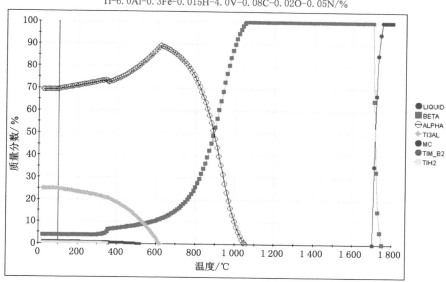

图 2-1　Ti6Al4V 钛合金相组成

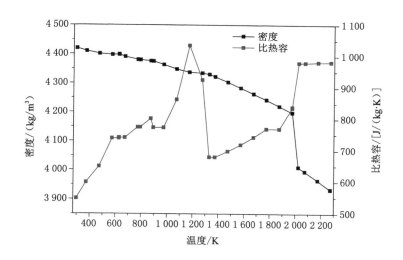

图 2-2　随温度变化的密度及比热容

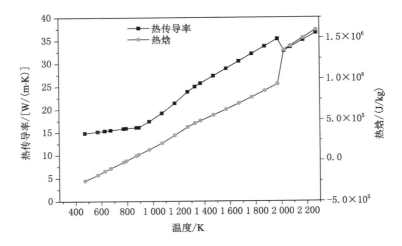

图 2-3 随温度变化的热传导率及热焓

分别为 C-WC$_m$ 和 C-WC$_{m/n}$。为了追求纳米材料性能在微米粉末中添加一定量的纳米 WC 颗粒,最终形成综合性能优异的微纳米结构粉末,所添加纳米 WC 颗粒如图 2-4 所示,粒度一般为 50~200 nm。

（a）   （b）

图 2-4 纳米 WC 颗粒(不同倍数)

粉末制备工艺流程为:备料→混料→造粒→烧结→破碎分级。根据粒度需求采用过筛或气流分级方式得到不同规格的粉末。两种 WC-12Co 粉末化学成分和特性见表 2-2。

表 2-2　两种 WC-12Co 粉末化学成分和特性

元素含量及粉末特性	P-WC$_m$	P-WC$_{m/n}$
Co/%	12.3	12
C/%	5.29	5.34
O/%	0.04	0.085
Fe/%	<0.04	<0.10
W/%	Balance	Balance
松装密度/(g/cm^3)	5.22	4.92
名义中位粒径 D50/μm	30.88	28.4

2.2　涂层制备工艺及设备

2.2.1　钛合金基体表面活化及洁净处理

　　基体表面活化的目的是提高表面粗糙度,从而增加涂层与基体间的结合强度。目前常用的表面活化工艺有喷砂、水流喷射、激光烧蚀和化学腐蚀等。综合考虑工艺便利性和成本,一般采用喷砂工艺。其原理是磨料在喷砂机负压作用下吸入喷嘴,在高压气流中加速喷射到基体表面,对基体进行冲击和微切削,从而增大基体表面粗糙度。本书采用粒度为 16 目(840～1 190 μm)的棕刚玉进行喷砂,砂粒为多棱状(图 2-5)。喷砂机采用上海瑞法喷涂机械有限公司生产的 KBPMM-1560 压送式喷砂机,工作压力 0.7 MPa,喷砂时间 3 min,粗化后基体表面粗糙度约为 14.2 μm。喷砂后采用压缩空气吹净基体表面,然后依次采用酒精和去离子水超声清洗 5 min,最后用吹风机烘干待用。

图 2-5　喷砂用棕刚玉颗粒形貌

2.2.2 超音速火焰喷涂工艺

所用设备为郑州立佳热喷涂机械有限公司生产的 HV-80-JP 型超音速火焰喷涂系统。其主要由喷枪、送粉器、控制柜、冷水机、煤油及氧气罐等几部分组成，主要部件如图 2-6（a）～（c）所示。该系统主要特点是：以煤油为燃料，以氧气为助燃剂，燃烧模式安全；喷枪采用径向送粉方式，使粉末充分熔化且均布于整个焰流中，从而提高覆盖效率和涂层质量；送粉器采用最新倾斜式旋转机构，送粉率大而稳定，送粉气体为氮气，主要参数见表 2-3。图 2-6（d）所示为超音速喷涂过程中典型的火焰形状，焰流中钻石形马赫锥肉眼即清晰可辨，典型的马赫锥形状如图 2-6（e）所示[81]，说明火焰速度已达到超音速。所有试验均在室温下进行，喷涂前所有粉末均采用 DHG-9145A 型电热恒温鼓风干燥箱烘干 2 h。基体采用火焰喷枪预热至 100～120 ℃，涂层厚度控制在 100～300 μm。在前期试验的基础上选用煤油流量、氧气流量、喷涂距离和送粉速率四个主要参数作为工艺参数并进行正交试验设计，分别见表 2-4 和表 2-5。

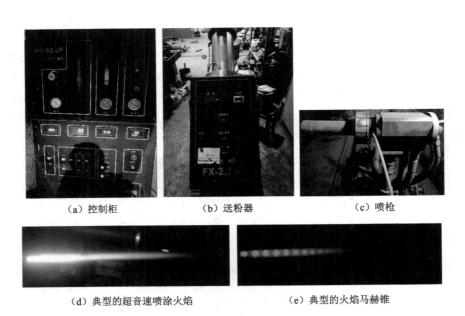

（a）控制柜　　　　　　　（b）送粉器　　　　　　　（c）喷枪

（d）典型的超音速喷涂火焰　　　　　　（e）典型的火焰马赫锥

图 2-6　HV-80-JP 型超音速火焰喷涂系统

表 2-3 HV-80-JP 型超音速火焰喷涂系统主要参数

参数类型	参数值	
煤油压力/流量	1.2 MPa	0～60 L/h
氧气压力/流量	1.6 MPa	0～60 m³/h
载气压力/流量	0.35～0.4 MPa	3～10 L/h
送粉速度	0～220 g/min	
火焰速度	2 100 m/s	
火焰温度	3 000 ℃	
喷涂速率	13.2 kg/h	
粉末颗粒速度	11 00 m/s	

表 2-4 正交工艺参数设计

因素	水平		
	1	2	3
煤油流量/(L/h)	34.5	36.5	39
氧气流量/(m³/h)	33	35	37
喷涂距离/(mm)	370	380	390
送粉速率/(r/min)	6.4	6.8	7.3

表 2-5 正交工艺参数表

试验序号（样件号）	试验因素			
	煤油流量 x_1/(L/h)	氧气流量 x_2/(m³/h)	喷涂距离 x_3/mm	送粉速率 x_4/(r/min)
1	34.5	35	370	6.4
2	34.5	37	380	6.8
3	34.5	33	390	7.3
4	39	35	380	7.3
5	39	37	390	6.4
6	39	33	370	6.8
7	36.5	35	390	6.8
8	36.5	37	370	7.3
9	36.5	33	380	6.4

为便于分析,涂层编号约定如下:微米涂层 1～9 号试样编号为 C-WC$_m$-1～C-WC$_m$-9 和微纳米涂层 1～9 号试样编号为 C-WC$_{m/n}$-1～C-WC$_{m/n}$-9,后续分析中采用此编号。

2.2.3　激光重熔工艺

激光重熔工艺采用江苏中科四象激光科技有限公司生产的连续型全固态光纤耦合传输激光加工系统,采用 ZKSX-2008 全固态光纤耦合激光器,最大激光功率为 2 000 W,波长为 1 064 nm,采用氩气氛围保护,系统实物如图 2-7 所示。为缓和热应力减少或消除裂纹产生,重熔前对工件进行预热,加工后保温缓冷。工件的预热在 WXD2620 型数控加热平台上进行,额定功率为 1 200 W,最高加热温度为 450 ℃,工作台面尺寸为 260 mm×220 mm。

（a）光纤激光器及冷却系统　　　　　　（b）预热平台及加工过程

图 2-7　激光重熔系统实物图

2.3　涂层组织及性能表征

2.3.1　金相试样制备

金相试样制备的质量关系着涂层组织和性能检测的准确性。书中所有试样制备均采用如下流程:首先将涂层截面依次用 400$^{\#}$、600$^{\#}$、800$^{\#}$、1 000$^{\#}$、1 200$^{\#}$、1 500$^{\#}$、2 000$^{\#}$ 金相砂纸进行打磨,其次用粒度 2.5 μm 的金刚石抛光膏抛光至镜面,然后用去离子水或酒精在 KQ2200DE 型数控超声清洗器中清洗 5 min,最后用吹风机烘干。

2.3.2　涂层组织结构表征

（1）原始粉末粒度分析

粉末的均匀性和粒度关系着粉末输送工艺的稳定性、传热传质、沉积状态和涂层的致密性，进而影响着涂层的综合性能。采用英国马尔文仪器有限公司生产的 Mastersizer2000 型激光粒度仪测定两种不同 WC-12Co 粉末的粒度分布，并进行统计分析。测量原理为激光衍射法（全程米理论），测试粒度范围为 $0.02 \sim 2\,000\ \mu m$，可进行多波长（450 nm、600 nm、780 nm 及 900 nm）测量。试验采用乙醇作为分散媒，约 200 mL，分散时间为 20 min，采样频率为 1 000 次/s，遮光度为 9.67%，吸收率为 0.1，颗粒折射率为 1.52，分散介质直射率为 1.33。

（2）原始粉末特性分析

采用麦克 ASAP2460 比表面积与孔径分析仪测试原始粉末的孔隙率和比表面积等特性。吸附介质为 N_2，吸附温度为 77 K，预处理温度为 300 ℃，预处理时间为 10 h，平衡时间间隔为 5 s。

（3）扫描电镜、能谱及原子力显微镜分析

采用扫描电子显微镜（Scanning Electron Microscopy，SEM）观察粉末、涂层表面、截面和摩擦磨损试样磨痕表面的微观结构。采用能谱仪（Energy Dispersive X-ray Spectrometer，EDS）分析粉末及涂层的元素成分和含量。书中主要采用德国卡尔蔡司公司的 SUPRA55 型场发射扫描电子显微镜（Field Emission Scanning Electron Microscopy，FESEM）及配备的牛津能谱仪［图 2-8（a）］。同时也使用了美国 FEI 公司的 Quanta250 型扫描电镜及配备的德国布鲁克（Bruker）QUANTAX400-10 型能谱仪［图 2-8（b）］。在对涂层成分表征过程中分别用到了点能谱、线扫描能谱和面扫描能谱。此外，还采用本原 CSPM5500 型原子力显微镜（Atomic Force Microscope，AFM）在接触模式下表征了涂层磨痕表面微观形貌。

（4）透射电子显微镜分析

透射电子显微镜（Transmission Electron Microscope，TEM）主要用于材料晶体结构的高分辨像分析及电子衍射分析，也是研究纳米材料微观组织结构最有效的手段之一。书中主要采用 JEM-2100F 场发射透射电镜，点分辨率为 0.19 nm，线分辨率为 0.14 nm，加速电压为 200 kV。用乙醇分散，超声时间为 30 min，滴在铜网微栅超薄碳膜上，待溶剂挥发后测试。

（5）X 射线衍射相结构分析

粉末及涂层表面的相结构主要采用日本理学 D/max2500 PC 型 X 射线

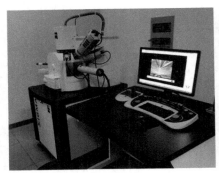

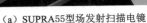

（a）SUPRA55型场发射扫描电镜　　　　　（b）Quanta250型扫描电镜

图 2-8　扫描电镜和能谱仪实物图

粉末衍射仪（X-ray Diffractometer，XRD）进行表征。采用 Cu 靶的 Kα 射线，X 射线管压管流为 40 kV/100 mA，2θ 扫描为连续扫描，扫描范围为 10°～90°，步距为 0.02°。采用 PANalytical X′Pert HighScore Plus 软件对试样进行物相标定。

（6）涂层孔隙率分析

热喷涂工艺及涂层形成机制决定了无论采用何种喷涂方式，涂层中孔隙都不可避免，对涂层综合性能影响较大。涂层孔隙率是指涂层到基体通道中单位面积上的气孔数目或者气孔体积占涂层几何总体积的百分比。常用的孔隙率测定方法有直接称重法、浮力法、灰度法等，其中灰度法最为常用，采用莱卡 LEICA DMC4500 型金相显微镜配合 Image Pro Plus 6.0 图像分析软件测试涂层孔隙率。在抛光后的涂层截面上沿同一方向连续拍摄 8～10 张金相照片（图 2-9），然后导入 Image Pro Plus 6.0 图像分析软件中获得灰度图片（图 2-10）。

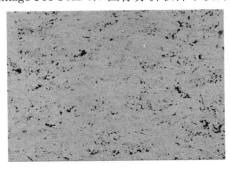

图 2-9　涂层金相照片

图 2-10 涂层灰度图片

通过灰度值原理计算涂层孔隙率,将 8～10 次测量结果取均值作为涂层最终孔隙率。

2.3.3 涂层性能表征

(1)涂层表面粗糙度及磨痕形貌表征

涂层表面粗糙度是指表面具有较小间距和微观不平度的微观几何特性,是衡量涂层表面质量的重要指标,决定着涂层的外观和精度,对其摩擦学特性及机械性能等亦有着重要影响。涂层和基体表面粗糙度采用哈尔滨刃具量具集团有限公司生产的 T1000A 型便携式粗糙度测量仪测量。示值精度≤±10%,最小分辨率为 0.005 μm,取样长度为 2.5 mm,评定长度为 5 mm。磨痕三维形貌及粗糙度采用德国蔡司 LSM 510 SYSTEM 激光共聚焦显微镜测试。

(2)涂层显微硬度测试

采用山东山材试验仪器有限公司 HVT-1000A 型显微维氏硬度仪测量涂层截面维氏硬度,加载载荷为 300 g(2.94 N),保压时间为 15 s。其原理是采用两棱面夹角为 136°的金刚石正四棱锥压头,在一定载荷作用下压入试样表面,保压一定时间后卸除载荷,测量对角线长度,通过式(2-1)计算可得材料的显微硬度值。

$$HV = 0.189\ 1\frac{F}{d^2} \tag{2-1}$$

式中,HV 为显微硬度值,N/mm^2;F 为试验载荷,N;d 为对角线长度,mm。

为保证硬度数据的准确性,测量时显微镜放大 400 倍,压痕距涂层表面及两压痕中心距均大于 2.5 倍的对角线长度。为便于韦伯统计分析和评定涂层硬度,自上而下在每个涂层试样上测试 10～20 点,取其均值作为该涂层的平均硬度。

（3）涂层纳米硬度测试

为测试涂层纳米硬度和弹性模量，采用美国安捷伦 U9820A Nano Indenter G200 型纳米压痕仪进行表征。压头型号为 Berkovich 的三棱锥压头，最大载荷为 500 mN，最大压痕深度为 500 μm。采用连续刚度模式测量，最大位移为 2 000 nm，保载时间为 3 s。每个样品表面测试 3～5 个点，取其均值作为测试结果。

（4）摩擦学性能测试

采用兰州中科凯华科技有限公司生产的 SFT-2M 型销盘式摩擦磨损试验机表征基体及涂层的常温、干摩擦条件下的摩擦学性能。摩擦副选用直径为 5 mm 的 Si_3N_4 陶瓷球。试验载荷为 15～150 N，转速为 300 r/min，摩擦时间为 15～30 min，摩擦半径为 3～5 mm。摩擦因数及曲线均由测试系统自动给出，其摩擦磨损试验原理图如图 2-11 所示。采用上海舜宇恒平 FA1604 型电子天平测试磨损量，最大称重量为 160 g，测量精度为 0.1 mg，每个试样测试 3 次，取其均值作为最终磨损量。

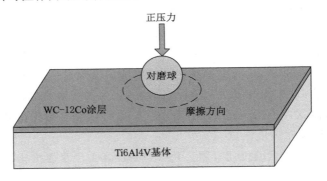

图 2-11　摩擦磨损试验原理图

（5）残余应力测试

采用河北邯郸市爱斯特应力技术有限公司生产的 X-350A 型 X 射线应力测定仪表征涂层表面残余应力。其原理是涂层内部残余应力造成材料晶体结构发生改变、衍射峰产生位移，以衍射线位移作为原始数据，所测得的结果为残余应变，再通过胡克定律计算可得涂层残余应力，通常由式（2-2）给出：

$$\sigma = \frac{E}{2(1+\mu)} \cot \theta_0 \; \frac{\pi}{180°} \; \frac{\partial(2\theta_\psi)}{\partial(\sin^2 \psi)} \qquad (2\text{-}2)$$

式中　σ——涂层表面残余应力；

　　　E、μ——涂层弹性模量和泊松比；

　　　θ_0、θ_ψ——无应力和有应力时的布拉格角；

　　　ψ——与试样表面法向的夹角。

试验中使用 Cr 靶 Kα 辐射，侧倾固定 ψ 法测量，交相关法定峰，具体参数为：X 光管高压为 22 kV；管电流为 6 mA；准直管直径为 2 mm；步距为 0.1°；计数时间为 0.5 s；2θ 扫描起始角为 128°～130°，终止角为 120°；侧倾角为 ψ 为 0°、24.2°、35.3°、45°；衍射晶面（220）；应力常数为 −601 MPa/(°)。

除上述硬件设备外，书中还将用到 Origin 9.1、Image Pro Plus 6.0、PANalytical X′Pert HighScore Plus、MDI Jade 6 和 MatPro-v8 等软件平台进行试验数据分析、图像处理和图表绘制等。

2.4　本章小结

① 介绍了基体及涂层材料的特性，描述了涂层材料的制备工艺过程，并对涂层制备的技术方案、设备及工艺特点进行了阐述。

② 阐述了基体及涂层金相试样制备方法，并对涂层微观结构及性能表征方式和检测手段进行了详细表述。

第3章 HVOF 喷涂涂层形成机制

HVOF 喷涂工艺过程较为复杂,涂层质量主要取决于材料因素和工艺因素。从粉末颗粒到涂层形成要经历复杂的物理和化学过程,粒子动量传输特征、飞行加热特性和撞击行为都将直接影响涂层的形成机制、微观结构和涂层性能。本章以微米及微纳米粉末颗粒为研究对象,采用理论分析、数值模拟和试验相结合的手段,深入分析粉末颗粒的加热、加速、撞击、扁平化和凝固过程,从而从微观角度揭示涂层的形成机制。

3.1 HVOF 喷涂工艺原理

超音速火焰喷涂工艺原理为如图 3-1 所示,航空煤油及氧气由通道进入燃烧室经物化混合后点燃产生高温高压的燃气,燃烧热能使产物急剧膨胀,膨胀气体进入具有特殊截面的喷嘴从而形成超音速高温焰流,同时载气氮气和粉末颗粒由径向送入一起进入高温焰流,沿喷管充分加速、加热,撞击基体最终形成结合强度高、致密性好的高质量涂层。高速低温(相对于等离子工艺)特性特别适合喷涂 WC-Co 系合金粉末,可以有效抑制 WC 的分解。

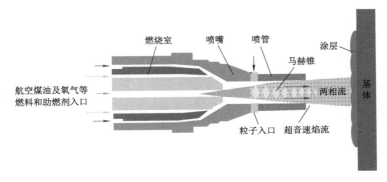

图 3-1 超音速火焰喷涂工艺原理图

3.2 HVOF 喷涂粒子动量传输特征

HVOF 喷涂过程中焰流具有很高的速度,HV-80-JP 型超音速火焰喷涂系统焰流速度最高可达 2 100 m/s,高速焰流的动量会直接传递给粉末颗粒,使其加速、加热最终撞击到基体上沉积为涂层。焰流对固态粒子的加速性能可通过气-固两相粒子的流体作用得知,如图 3-2 所示。

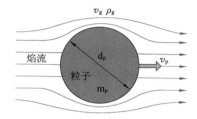

图 3-2 飞行粒子在焰流中的动量模型示意图

假设粒子在飞行过程中不会发生团聚和孪生,焰流速度均匀,那么一质量为 m_p、直径为 d_p 的球形粉末颗粒的动量传输可以采用拉格朗日运动方程进行描述[82-85]:

$$F_i = F_p + F_d + F_{vm} + F_B + F_w \tag{3-1}$$

式中　F_i——飞行粒子所受的惯性力;

　　　F_d——拖拽力;

　　　F_p——压力梯度力;

　　　F_{vm}——虚假质量力;

　　　F_B——Basset(巴塞特)力;

　　　F_w——外场力(重力场、电磁场等)。

虚假质量力是指由于质量增加而产生的力,Basset 力是两相流中粉末颗粒与流体在相对加速度时产生的一种非恒定气动力。

$$F_i = \frac{1}{6} \rho_p \pi d_p^3 \frac{dv_p}{dt} \tag{3-2}$$

$$F_d = \frac{1}{2} C_d A \rho_g (v_g - v_p) \mid v_f - v_p \mid \tag{3-3}$$

$$F_p = \frac{1}{6} \rho_p \pi d_p^3 \frac{dv_g}{dt} \tag{3-4}$$

$$F_{vm} = \frac{1}{12}\pi d_p^3 \left(\frac{dv_g}{dt} - \frac{dv_p}{dt} \right) \tag{3-5}$$

$$F_B = \frac{3}{2}(\pi \rho_g)^2 d_p^2 \int_{t1}^{t2} \frac{\dfrac{dv_g}{dt} - \dfrac{dv_p}{dt}}{\sqrt{t - \pi}} dt \tag{3-6}$$

式中　ρ_p——粉末颗粒和气体的密度;

d_p——粉末颗粒直径;

A——迎风面积;

C_d——拖拽系数;

v_p——颗粒飞行的速度;

v_d——焰流气体速度;

t——颗粒飞行时间。

拖拽系数 C_d 取决于颗粒与焰流间的相对速度,一般通过雷诺数 Re 表示[86]。

$$Re = \frac{\rho_g d_p (v_g - v_p)}{\eta_g} \tag{3-7}$$

式中,η_g 为气体黏度系数。

粒子的受力中拖拽力 F_d 的贡献最大,起决定性作用,其他力几乎可以忽略不计[87]。根据牛顿第一定律,该粒子满足运动方程:

$$\sum F = m_p a_p = m_p \frac{dv_p}{dt} = F_d \tag{3-8}$$

对于球形颗粒而言,迎风面积 A 实际上就是粒子在焰流中的投影面积 $\left(A = \dfrac{\pi d_p^2}{4} \right)$。

球形粒子的质量 m_p 为:

$$m_p = \frac{\rho_p \pi d_p^3}{6} \tag{3-9}$$

联立式(3-3)、式(3-8)和式(3-9)可得:

$$\frac{dv_p}{dt} = \frac{F_d}{m_p} = \frac{3C_d \rho_g}{4d_p \rho_p}(v_g - v_p)\,|v_g - v_p| \tag{3-10}$$

式(3-10)就是粉末颗粒在焰流中的加速方程。可以看出,焰流速度和粒子速度为粒子运动轨迹的函数。可以得出以下结论:① 粒子的加速度与颗粒直径成反比,粒子直径越大加速度越小,最终获得的撞击动能较小;反之,粒子直径过小,虽能获得极大动能,但有可能粉末产生过烧或吹散。② 当焰流速度大于粒子飞行速度时,将对粒子产生加速作用;反之,将产生拖拽效应,造成粒子减速。③ 焰流气体的黏度 η_g 对粒子加速影响较为复杂,雷诺数 Re 不同,产生的影响不同。

3.3 HVOF 喷涂粒子飞行传热特性

粒子能否充分铺展取决于粉末熔化状态。在焰流温度一定的情况下,小尺寸颗粒加热快,熔化充分;而大尺寸颗粒传热较慢,甚至来不及完全熔化就已经到达基体。因此,粉末粒径、焰流温度和速度的变化会导致粒子的传热机制发生改变。分析粒子飞行过程中的加热历程和固-液界面演变有助于掌握加热冷却规律和传热机制,为选择粉末材料和优化工艺参数提供理论依据。

3.3.1 粒子飞行传热行为理论描述

文献研究表明[88],粒子在焰流中飞行加热行为根据其内部温度分布不同可用两种模型来描述:如果粒子整体温度均匀,则为等温模型;如果粒子内部具有温度梯度,则为梯度模型。

(1)等温模型

设一质量为 m_p、直径为 d_p 的球形粉末颗粒在温度 T_g 的焰流中温度为 T_p,那么在 dt 时间内两者间的热交换可用传热学定律进行描述:

$$\frac{\mathrm{d}Q}{\mathrm{d}t} = m_p c_p \frac{\mathrm{d}T_p}{\mathrm{d}t} = h_c A_s (T_g - T_p) \tag{3-11}$$

式中 Q——对流换热量;

c_p——比热容;

h_c——气体与粒子的换热系数;

A_s——粒子的表面积,其值为 πd_p^2。

联立式(3-9)和式(3-11)可得:

$$\frac{\mathrm{d}T_p}{\mathrm{d}t} = \frac{6h_c(T_g - T_p)}{\rho_p c_p d_p} \tag{3-12}$$

努塞尔系数 Nu 是燃气粒子界面处的导热率和焰流气体导热率的比值,与换热系数关系为:

$$Nu = \frac{h_c d_p}{\lambda_g} \tag{3-13}$$

式中 λ_g——焰流气体的导热率。

大多数热传导过程中努塞尔系数 Nu 与雷诺数 Re 和普朗特数 Pr 之间存在以下关系[89]：

$$Nu = \frac{h_c d_p}{\lambda_g} = 2 + 0.6 Re^{\frac{1}{2}} Pr^{\frac{1}{3}} \tag{3-14}$$

$$Pr = \frac{c_g \eta_g}{\lambda_g} \approx 1 \tag{3-15}$$

式中　c_g——气体的比热容。

联立上述式子可得：

$$\frac{dT_p}{dt} = \frac{6\lambda_g(T_g - T_p)}{\rho_p c_p d_p^2}\left\{2 + 0.6\left[\frac{\rho_g d_p(v_g - v_p)}{\eta_g}\right]^{\frac{1}{2}}\right\} \tag{3-16}$$

可以看出，粒子的温升与焰流气体的导热率、温度、黏度系数有关，还与粉末密度、比热容、颗粒直径和焰流气体间的速度差等相关。粉末的密度、比热容和直径越小，温升就越快，但颗粒过小可能引起过烧或者飞散。因此，无论从动量传输考虑还是传热特性考虑，粉末的粒度必须在某一区间内，来满足加热和加速的矛盾需求。其原则是保证粒子在合理熔化的条件下提高速度。

（2）梯度模型

梯度模型就是粉末在飞行过程中梯度熔化，焰流先加热粉末表层，热量再经过热传导传到粉末内部。假设粒子为均匀球体，以球心为坐标原点，粉末内部不同位置处的温度可在球坐标中用下式描述[90]：

$$\frac{1}{r^2}\frac{\partial}{\partial r}\left[r^2\lambda(T)\frac{\partial T}{\partial r}\right] + H = \rho c_p(T)\frac{\partial T}{\partial t} \tag{3-17}$$

式中　ρ——密度；

$c_p(T)$——比热容；

$\lambda(T)$——热传导系数；

H——相变潜热；

t——加热时间；

r——任意一点到粉末中心的距离（$0 \ll r \ll d_p/2$）。

边界条件主要考虑粉末初始温度和表面与焰流的热交换。最初时刻粒子温度为室温：

$$T(r, 0) = 298 \text{ K} \tag{3-18}$$

粉末表面与焰流的热交换为：

$$\lambda = \frac{\partial T}{\partial r}\left(\frac{d_p}{2}, t\right) = -h_c\left[T\left(\frac{d_p}{2}, t\right)_p - T_g(t)\right] \tag{3-19}$$

h_c 由 Rauz-Marshell 公式给出：

$$h_c = \frac{\lambda_g}{d_p}\left(2 + 0.6Re^{\frac{1}{2}}Pr^{\frac{1}{3}}\right) \tag{3-20}$$

相变潜热在 ANSYS 有限元模拟过程中通过定义随温度变化的热焓来计算：

$$H' = \int \rho(T)c_p(T)\mathrm{d}t \tag{3-21}$$

式中　H'——随温度变化的热焓。

通过联立上述公式，给出各参数值即可求出粒子随时间的加热熔化规律，计算过程非常复杂，因此采用有限元模拟方法来分析飞行粒子的传热规律。

3.3.2　粒子飞行传热有限元模型的建立

为便于分析计算，对理论模型假设如下：① 粉末颗粒均为直径不等的理想规则球体；② 到达基体前粒子液-固两相不发生分离；③ 粒子内部无自然对流，忽略焰流自身的温度梯度；④ 忽略焰流剪切力对颗粒熔化部分可能引起的对流的影响；⑤ 假设粉末颗粒沿中心线飞行。

为准确反映粒子飞行过程中的传热和熔化过程，综合考虑计算精度和时间，采用球体 1/8 模型进行模拟。有限元模型及点、线标定如图 3-3 所示。

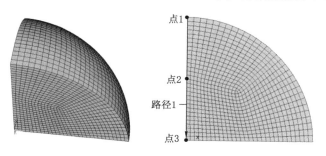

图 3-3　飞行粒子加热有限元模型

点 1、点 2 和点 3 分别位于粉末表层、半径中点和球心；路径 1 为粉末表层到中心的距离。在 ANSYS 15.0 平台选择 Solid70 热分析单元在瞬态分析模块中模拟。根据实际工况取焰流温度 3 273 K，传热系数来自文献[90]。粒子飞行距离在 200～390 mm 之间，粒子速度在 300～600 m/s 之间。微米 WC-12Co 粉末随温度变化的热物性参数见文献[91-92]。纳米 WC-12Co 粉末热物性取自文献[93]。粉末中孔隙会影响颗粒的密度、比热容及热传导系数,因此对于含有孔隙的材料必须进行折算[94],见式(3-22)~式(3-24)。粉末中孔隙率根据原始粉末的松装密度求出,微米粉末孔隙率为0.38,微纳米粉末孔隙率为0.35。粉末实测粒径尺寸及分布见表3-1。微米和微纳米WC-12Co粉末粒径范围分别为11.247~63.246 μm和11.247~56.368 μm,平均粒径分别为30.5 μm和31 μm,中位径(D50)分为别为27.3 μm和27.4 μm。

表3-1　WC-12Co粉末实测粒径大小及分布

微米粉末		微纳米粉末	
粒径大小/μm	体积百分比/%	粒径大小/μm	体积百分比/%
11.247	0.02	11.247	0.03
12.619	0.27	12.619	0.22
14.159	1.17	14.159	1.19
15.887	2.71	15.887	3.21
17.825	4.98	17.825	6.66
20.000	7.76	20.000	10.87
22.440	10.48	22.44	14.77
25.179	12.64	25.179	16.84
28.251	13.65	28.251	16.22
31.698	13.28	31.698	13.20
35.566	11.62	35.566	8.98
39.905	9.11	39.905	4.94
44.774	6.28	44.774	2.14
50.238	3.77	50.238	0.64
56.368	1.83	56.368	0.09
63.246	0.43		

$$\rho_p = \rho_0(1-\varphi) \tag{3-22}$$

$$c_p = c_0(1-\varphi) \tag{3-23}$$

$$\lambda_p = \frac{\lambda_0(1-\varphi)}{1+\varphi} \tag{3-24}$$

式中　φ——粉末的孔隙率;

　　　ρ_0、c_0、λ_0——致密材料的密度、比热容和热传导系数;

　　　ρ_p、c_p、λ_p——折算后的密度、比热容和热传导系数。

分析过程中对称表面设为绝热面。为全面考虑粒径分散范围,最终选定 $5\sim80$ μm(包括了实测颗粒的最小直径、平均直径、最大直径等),其中可能包括气化、部分熔化、充分熔化和完全不熔化等不同状态,旨在为粉末粒度筛选提供理论依据。由于微米和微纳米粉末模拟过程完全一致,仅以微米粉末为例进行深入分析熔化过程,最后选择主要参数进行两种粉末的熔化特性对比。

首先以喷涂距离 360 mm、颗粒飞行速度 400 m/s、颗粒直径 30 μm[综合考虑平均粒径和中位径(D50)]为例进行详细分析,其他分析都是以此为基础改变其中的参数进行。此参数下粒子到达基体的时间为 0.9 ms。按照上述分析施加热载荷和边界条件,采用完全牛顿-拉普森法进行求解。图 3-4 为不同时刻飞行粒子的温度场云图。可以看出,随着粒子飞行时间的增加,在焰流作用下,粒子温度越来越高。最初时刻粒子几乎保持常温,只有 1 K 左右的温升。在 0.3 ms 时刻,粒子温度攀升至 1 152.51 K,但并未达到材料的熔点,此时粒子仍然是固态。在粒子飞行至 0.65 ms 时刻,最高温度升至 1 775.7 K,已经超过黏结相 Co 的熔点(1 768 K),此时 Co 相开始熔化,观察发现颗粒心部几乎全部熔化,但尚未达到 WC 颗粒的熔点(3 048 K)。在粒子飞行 0.9 ms 时刻(撞击基体的瞬间),粒子最高温度达到 2 142 K,此时粒子的状态是液态的 Co 相完全包裹 WC 硬质相等待撞击基体。

图 3-5 和图 3-6 分别所示为 0.9 ms 时刻粒子热通量矢量和温度梯度矢量。可以看出,在焰流作用下热量不断从外界传导给粒子表面,然后加热粒子内部,实现表层-次表层-心部梯度熔化模式。图 3-6 所示的温度梯度矢量与热通量矢量完全相反,处处垂直于颗粒表面法向向外,粒子具有较大的温度梯度。

图 3-7 所示为粒子上点 1、点 2 和点 3 的温度曲线及温度梯度曲线。可以看出,在粉末飞行开始由于与焰流温差较大,粉末表层的温升较快,心部相对缓慢。随着飞行时间的增加温升越来越高,三点之间的温差越来越小。在 0.65 ms 时刻开始出现液相,黏结相 Co 开始熔化。粉末表层及半径中心存在较大的温度梯度,变化趋势均为先增大后减小,粉末中心温度梯度变化相对较小。

图 3-8 所示为路径 1 温度及温度梯度曲线。可以看出,由表及里温度及温度梯度逐渐下降,在当前参数下粉末中的 Co 相全部熔化,而 WC 依然保持

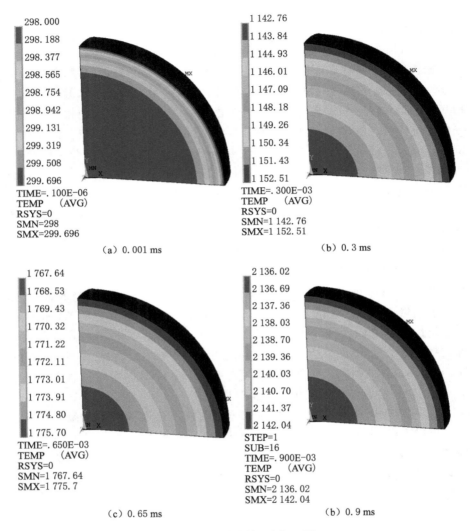

图 3-4　不同时刻温度场云图

固相骨架。

　　综合上述分析,HVOF 喷涂 WC-12Co 粉末与其他低熔点材料完全熔化机制不同,HVOF 喷涂工艺的高速低温特性,使得喷涂过程中只有黏结相 Co 在加热中熔化,而陶瓷相 WC 几乎维持固态,这一结论与诸多学者的研究完全一致[95]。

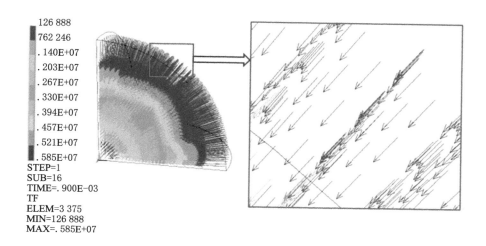

126 888
762 246
. 140E+07
. 203E+07
. 267E+07
. 330E+07
. 394E+07
. 457E+07
. 521E+07
. 585E+07
STEP=1
SUB=16
TIME=. 900E−03
TF
ELEM=3 375
MIN=126 888
MAX=. 585E+07

图 3-5   0.9 ms 时刻粒子热通量矢量

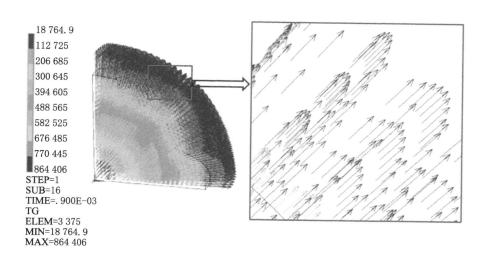

18 764. 9
112 725
206 685
300 645
394 605
488 565
582 525
676 485
770 445
864 406
STEP=1
SUB=16
TIME=. 900E−03
TG
ELEM=3 375
MIN=18 764. 9
MAX=864 406

图 3-6   0.9 ms 时刻粒子温度梯度矢量

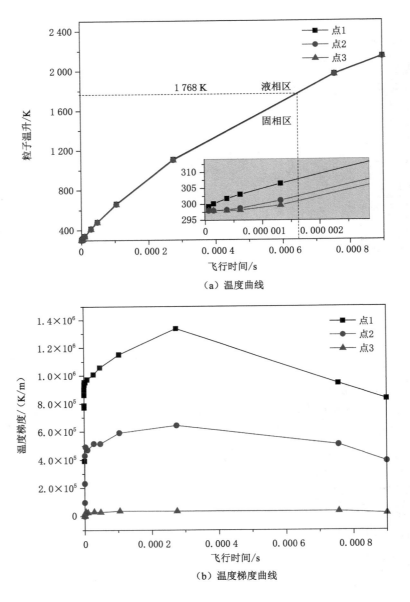

（a）温度曲线

（b）温度梯度曲线

图 3-7　点 1、点 2 和点 3 的温度曲线及温度梯度曲线

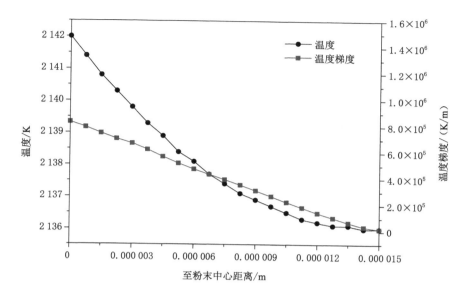

图 3-8　路径 1 温度及温度梯度曲线

3.3.3　颗粒尺寸对粉末熔化的影响

图 3-9 所示为颗粒直径对粉末熔化的影响。可以看出,对于直径 5 μm [图 3-9(a)]的颗粒,由于尺寸较小,粉末迅速全部熔化,已超过黏结相 Co 的沸点和 WC 颗粒的熔点,造成 Co 相的气化蒸发,液态 W 及石墨出现,因此这种小颗粒在粉末筛选过程中一定要剔除。直径 11 μm[图 3-9(b)]是实测粉末颗粒的最小粒径。可以看出,此时不会造成 Co 的气化和 WC 的分解,但已经处于临界点,因此这种粒径的颗粒比例要尽量少。同时可以看出,以直径 20 μm 为界,小于 20 μm 的属于等温熔化模式,超过 20 μm 的进入梯度熔化模式。直径 20~40 μm[图 3-9(c)~(e)]的颗粒都能充分熔化黏结相 Co,又保证 WC 不分解,此区间能获得较好的熔融效果。直径 50~80 μm[图 3-9(f)~(h)]的颗粒已不能达到 Co 的熔点(直径为 50 μm 的颗粒仅能达到共晶温度 1 613 K),不会出现液相,此粒径区间的颗粒将会以纯固态撞击基体,由于没有液相的湿润而将产生大量的孔隙。此外还可以看出,随着颗粒直径的增加,粉末内外的温差越来越大。因此,将粉末的粒度区间选定为 15~45 μm 是非常合理和科学的。

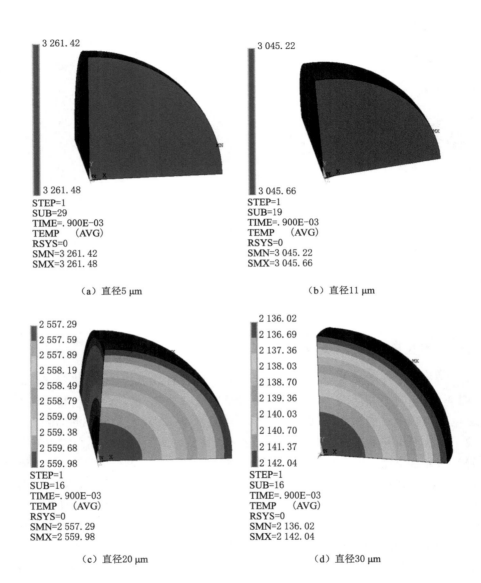

图 3-9　颗粒直径对粉末熔化的影响

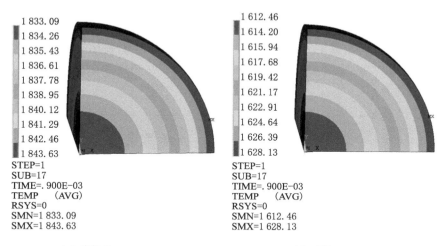

STEP=1
SUB=17
TIME=.900E-03
TEMP　（AVG）
RSYS=0
SMN=1 833.09
SMX=1 843.63

（e）直径40 μm

STEP=1
SUB=17
TIME=.900E-03
TEMP　（AVG）
RSYS=0
SMN=1 612.46
SMX=1 628.13

（f）直径50 μm

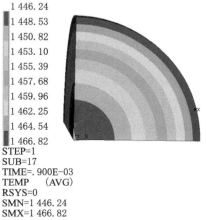

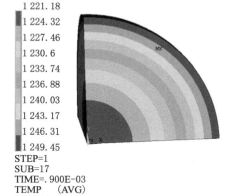

STEP=1
SUB=17
TIME=.900E-03
TEMP　（AVG）
RSYS=0
SMN=1 446.24
SMX=1 466.82

（g）直径60 μm

STEP=1
SUB=17
TIME=.900E-03
TEMP　（AVG）
RSYS=0
SMN=1 221.18
SMX=1 249.45

（h）直径80 μm

图 3-9　（续）

图 3-10 所示为不同直径颗粒 0.9 ms 时刻点 1 的温度曲线。可以看出，直径较小的颗粒在极短的时间内(0.1 ms 左右)温度攀升至黏结相 Co 的熔点以上，粉末颗粒迅速整体熔化，温度逐渐平稳。颗粒直径越大出现液相所需时间越长，直径 50 μm 以上的颗粒即使飞行至基体也不能熔化，最后以纯固相撞击基体。因此，在选定的粉末体系中(15～45 μm)粒子到达基体时的状态为固-液两相共存。由上述分析可知，从粉末均匀受热角度考虑粉末粒度分布范围不宜过宽。

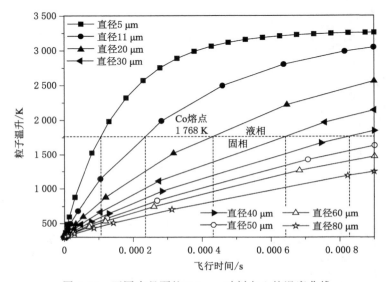

图 3-10　不同直径颗粒 0.9 ms 时刻点 1 的温度曲线

图 3-11 所示为不同颗粒直径路径 P1 上温度及温度梯度分布。可以看出，在颗粒直径为 11 μm 时从表层到中心温度分布非常均匀且几乎无温度梯度，进一步说明极小颗粒是等温熔化模式。当颗粒直径为 80 μm 时，温度及温度梯度变化较大，最大温度梯度为 1.44×10^{6} K/m。

3.3.4　飞行速度对粉末熔化的影响

在喷涂距离一定的情况下，飞行速度决定了粒子在焰流中的飞行时间。飞行时间过短，粒子加热不充分；但飞行时间过长，则速度有所降低，粒子加速动力不足，造成撞击动能较小，粉末铺展不充分。以喷涂距离 360 mm、颗粒直径 30 μm 为例考察飞行速度对粉末熔化的影响。图 3-12 为不同速度下飞行结束时刻颗粒温度场的分布云图。可以看出，在速度为 300 m/s 时飞行时间

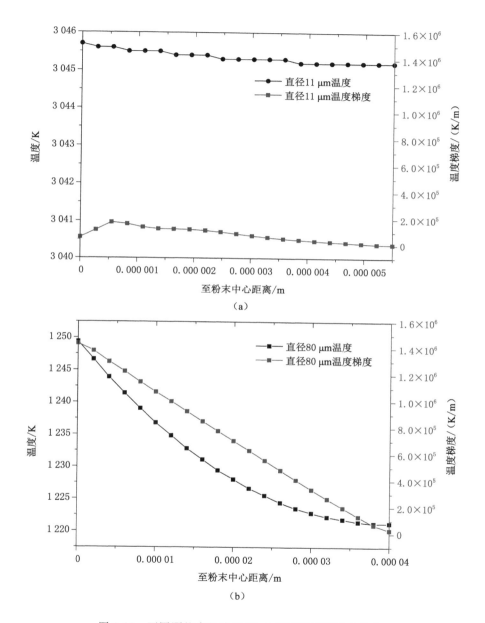

（a）

（b）

图 3-11　不同颗粒直径路径 P1 上温度及温度梯度分布

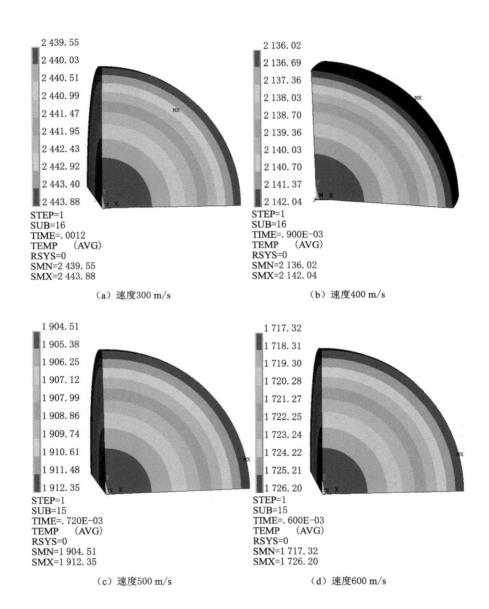

图 3-12　不同速度下颗粒温度场分布云图

需要 1.2 ms,到达基体前粉末表层温度 2 443.4 K,中心温度 2 439.55 K,温差较小,粉末中黏结相 Co 充分熔化,WC 颗粒不分解。随着速度的增加,粉末飞行到基体的时间越来越短,分别为 0.9 ms、0.72 ms 和 0.6 ms。速度提高传导逐渐变慢,粉末表层和中心间的温差越来越大。同时最高温度越来越低,当速度达到 600 m/s 时黏结相 Co 已不能熔化,只能超过 WC-12Co 的共晶温度 1 613 K。

图 3-13 所示为不同速度下粉末中心点 3 的温度曲线。可以看出,随着飞行时间的增加,粉末中心处的温度越来越高。速度不同粉末温升速度也不同,速度越低温升越平稳,速度越大温升越陡峭,这是由于速度较低时粉末在飞行过程中更能够充分加热和热传导。在速度为 300～500 m/s 时粉末颗粒在 0.7 ms 之前都已经见黏结相 Co 全部熔化,而速度达到 600 m/s 时此颗粒直径下粉末温度急剧降低,表层也不能熔化。因此粉末直径一定的情况下,速度也存在一个合理的区间。

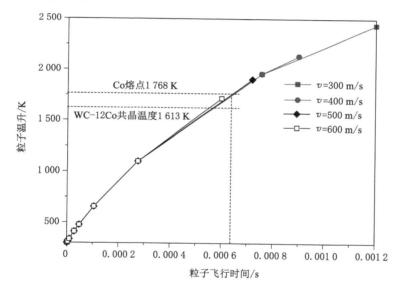

图 3-13　不同速度下粉末中心点 3 的温度曲线

3.3.5　飞行距离对粉末熔化的影响

粉末飞行速度一定时,飞行距离决定了加热时间,进而决定了粉末的熔化程度和撞击扁平化程度。以飞行速度 400 m/s、颗粒直径 30 μm 为例考察不同喷涂距离对粉末熔化的影响。图 3-14 为不同喷涂距离下粉末颗粒的温度

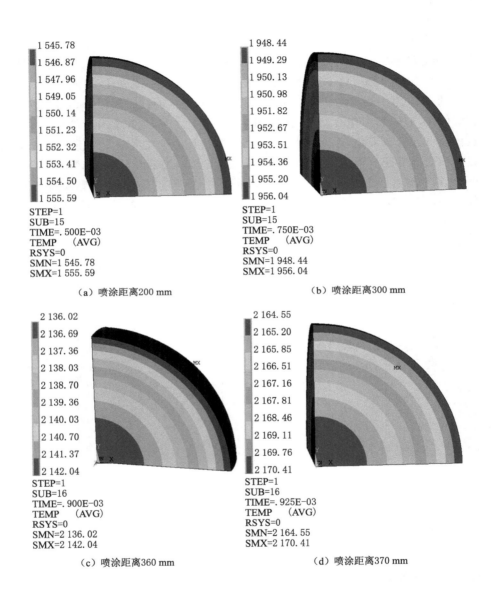

图 3-14　不同喷涂距离下粉末颗粒的温度场分布云图

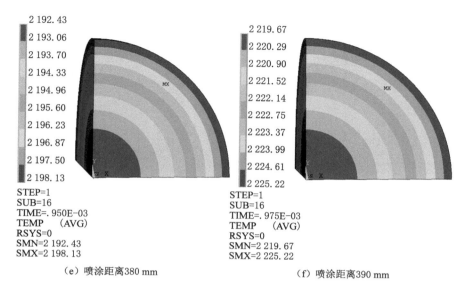

<table>
<tr><td>2 192. 43</td><td>2 219. 67</td></tr>
<tr><td>2 193. 06</td><td>2 220. 29</td></tr>
<tr><td>2 193. 70</td><td>2 220. 90</td></tr>
<tr><td>2 194. 33</td><td>2 221. 52</td></tr>
<tr><td>2 194. 96</td><td>2 222. 14</td></tr>
<tr><td>2 195. 60</td><td>2 222. 75</td></tr>
<tr><td>2 196. 23</td><td>2 223. 37</td></tr>
<tr><td>2 196. 87</td><td>2 223. 99</td></tr>
<tr><td>2 197. 50</td><td>2 224. 61</td></tr>
<tr><td>2 198. 13</td><td>2 225. 22</td></tr>
</table>

STEP=1
SUB=16
TIME=.950E-03
TEMP　(AVG)
RSYS=0
SMN=2 192.43
SMX=2 198.13

STEP=1
SUB=16
TIME=.975E-03
TEMP　(AVG)
RSYS=0
SMN=2 219.67
SMX=2 225.22

（e）喷涂距离380 mm

（f）喷涂距离390 mm

图 3-14　（续）

场分布云图。可以看出,在喷涂距离 200 mm 时粉末只有 0.5 ms 的加热时间,到达基体时尚未熔化。而当喷涂距离在 300 mm 时,粉末中的黏结相 Co 已经能够完全熔化,随着距离的增加粉末最高温度缓慢增加,但是温差基本稳定,如果飞行距离进一步增加,势必造成粉末温度过高甚至超过 WC 熔点。因此,在喷涂过程中协调好喷涂距离和颗粒飞行速度是关键。

3.3.6　微米粉末及微纳米粉末温度场演变对比

以颗粒直径 30 μm、喷涂距离 360 mm、飞行速度 400 m/s 为例进行微米粉末和微纳米粉热温度场的对比。图 3-15 所示为微米及微纳米粉末飞行加热温度场对比。可以看出,同样工艺参数下微纳米粉末的最高温度比微米粉末的要低。原因在于微纳米粉末的孔隙率较小,折算后密度几乎相等,但比热容稍大,容热能力较强,在吸收同样多的热量下,其温升较低,但此参数下同样超过了 Co 相的熔点,能够保证粉末中黏结相 Co 充分熔化。图 3-16 所示为微米及微纳米粉末点 3 处温度曲线对比。可以看出,同样工艺参数时在焰流作用下两种粉末颗粒温度都逐渐升高,但由于两种粉末热物性参数不同,相同时间内温升并不一样,在初始阶段两种粉末温升差别不大,随着粒子飞行时间的增加,微米粉末温升更高,这主要取决于材料的热传导系数和比热容等参数。

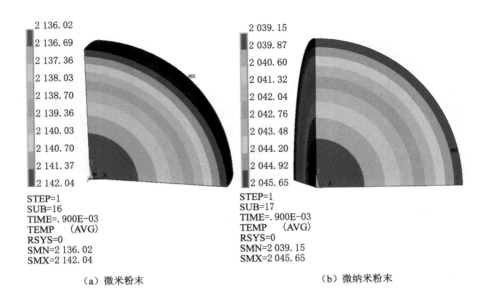

STEP=1
SUB=16
TIME=.900E-03
TEMP （AVG）
RSYS=0
SMN=2 136.02
SMX=2 142.04

STEP=1
SUB=17
TIME=.900E-03
TEMP （AVG）
RSYS=0
SMN=2 039.15
SMX=2 045.65

（a）微米粉末 （b）微纳米粉末

图 3-15　两种粉末飞行加热温度场对比

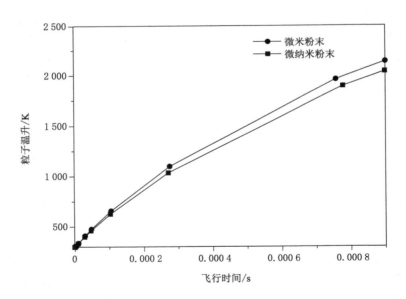

图 3-16　两种粉末点 3 处温度曲线对比

图 3-17 为不同直径微纳米和微米粉末飞行加热温度场云图。可以看出，两种粉末的加热熔化特性基本一致，不同之处在于材料热物性参数差异引起的温升差别。观察发现，微纳米粉末依然存在等温熔化和梯度熔化两种模式，两种粉末的最高温度差值由直径 11 μm 时的 60 K，到直径 20 μm 时的 97 K，再到直径 40 μm 时的 87 K，呈先增大后减小的趋势。

但当直径 40 μm 时微纳米粉末的最高温度虽超过共晶温度但低于 Co 相的熔点，这意味着粉末不能充分熔化。而粉末实测粒径范围中约 2.87% 的粉末直径大于 40 μm，如果要使这 2.87% 的粉末也充分熔化，那么就要协调好喷涂距离和飞行速度间的关系，使飞行时间增加，从而让粉末充分加热。对不同喷涂距离和不同速度的考察结果发现两种粉末依然存在温度上的差别，加热熔化模式基本一致。

图 3-18 所示为两种粉末粒子熔化表面。可以看出，粉末颗粒熔化较好，Co 相已经全部熔化，且包裹着 WC 颗粒，共同形成一种"软基相＋硬质相"的微观结构。这种微观结构在参与摩擦磨损时 WC 硬质颗粒率先参与，有效抵御外界载荷，从而提高了涂层耐磨性。同时这种熔化模式也较好地验证了上述有限元模型的正确性。

3.3.7　WC-12Co 颗粒熔化模型的建立

基于有限元分析结果和相关理论可以看出，对于极小颗粒直径如 10 μm 特别是 5 μm 以下的粉末在进入高温焰流的瞬间，由于其热传导系数较大，热量经表层迅速传导至颗粒中心。如果颗粒过小如 2~3 μm，那么势必会超过材料 Co 的气化点，甚至 WC 的熔点，从而造成 WC 分解成液态 W 和石墨，这种情况下粒子的熔化模式为等温熔化。在 20~40 μm 之间，颗粒在进入焰流和飞行过程中首先表层受热，然后由表及里经过热传导黏结相 Co 逐步熔化并填充粉末间孔隙，到达基体前黏结相 Co 全部熔化，但 WC 依然保持固态，从而形成固-液两相共存的半熔融粒子。研究认为[96-97]：较之于纯固态粒子和纯液态粒子，固-液两相共存型半熔融粒子撞击基体形成的涂层具备更高的结合强度。这种情况下粒子的熔化模式为梯度熔化。对于极大粒子如直径在 60 μm 以上，即使在焰流中全程加热，到达基体时依然不完全熔化，最多表层达到共晶温度，以纯固态模式撞击基体，部分 WC 粒子可能嵌入基体，更有可能反弹散落，从而造成大量孔隙。综合上述分析，提出 WC-12Co 颗粒在 HVOF 喷涂工艺中的熔化模式理论模型，如图 3-19 所示。

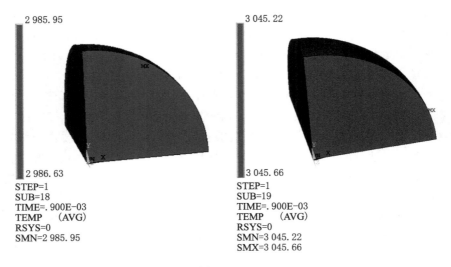

（a）直径11 μm

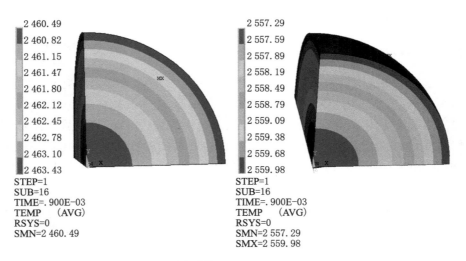

（b）直径20 μm

图 3-17　不同直径微纳米和微米粉末飞行加热温度场云图

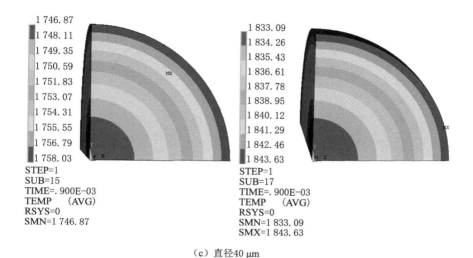

（c）直径40 μm

图 3-17　（续）

（a）微米粉末　　　　　　　　　　（b）微纳米粉末

图 3-18　粉末粒子熔化表面

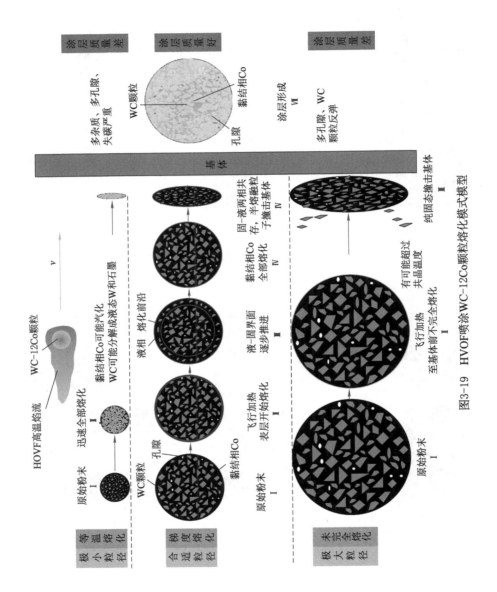

图3-19 HVOF喷涂WC-12Co颗粒熔化模式模型

3.4　HVOF 喷涂粒子时空独立性及扁平化行为

粉末颗粒的撞击铺展和冷却凝固过程在一定程度上决定了涂层质量。因此,在上述粒子传热分析的基础上非常有必要对粒子的碰撞行为进行分析,研究其高速撞击下的铺展及变形过程,为掌握涂层形成过程及分析涂层原生缺陷(孔隙、裂纹等)的形成机制提供理论依据。

高速熔融粒子与基体碰撞后将迅速实现扁平化和凝固,同时与可视为无限大平面的基体产生热交换,此时粒子的冷却速度和凝固速度可以分别表示为[89]:

$$\frac{\mathrm{d}T_p}{\mathrm{d}t} = \frac{h(T_s - T_p)}{\Delta l \rho_p c_p} \tag{3-25}$$

$$\frac{\Delta h}{t} = \frac{h(T_{mp} - T_s)}{\rho_p \Delta L_p} \tag{3-26}$$

式中　h——液-固界面的传热系数;

　　　T_p——粒子到达基体表面的温度;

　　　T_s——基体表面温度;

　　　Δh——粒子扁平化的厚度;

　　　ρ_p——粒子密度;

　　　c_p——粒子的比热容;

　　　T_{mp}——粒子的熔点;

　　　ΔL_p——粒子的凝固潜热。

粉末材料一定的情况下粒子铺展直径越大,扁平化厚度越小;粒子撞击前的温度越高,其冷却速度越快,大量文献研究表明粒子的冷却速度一般大于 $10^5 \sim 10^6$ K/s。

以 WC-12Co 颗粒为例,ρ_p 为 13 900 $\sim$ 14 500 kg/m³,ΔL_p 为 242×10³ J/kg,T_{mp} 为 1 495 ℃,基体表面温度为 120 ℃,h 为 $10^5 \sim 10^6$ W/(m² · K)。由式(3-26)可以计算出 WC-12Co 颗粒的凝固速度约为 0.04 m/s。

要想证明粒子的时空独立性,即后续粒子碰撞上的是完全凝固的粒子表面,也就只需证明涂层的增长速度要大于或者等于式(3-26)中的凝固速度。喷涂过程中斑点直径一般为 2 cm,假设定点喷涂,粉末 100% 沉积到基体表面上,此时送粉器所需的最小送粉速率为:

$$\frac{\Delta h}{t} \cdot \frac{\pi D^2 \rho_p}{4} = 0.178\ 4\ \text{kg/s} = 10\ 705\ \text{g/min} = 642.27\ \text{kg/h} \tag{3-27}$$

式中　D——喷涂斑点直径。

可以看出，所需送粉速率远远大于试验所用设备的最大额定送粉速率220 g/min，也远大于行业设备实际使用的送粉速率（5～10 kg/h）。因此，可以认为 HVOF 喷涂过程中所有粒子的沉积行为是相互独立的，即喷涂粒子具备时空独立性[98]。这也为以单个飞行颗粒为研究对象来探求粒子碰撞过程及扁平化过程提供了理论依据。

粒子的扁平化过程是涂层形成前重要的环节之一，对涂层微观组织结构影响较大。然而由于粒子扁平化过程在不到 1 μs 内完成，试验过程难以监测，因此研究者大都通过收集单个粒子变形[95]来进行分析。由于粒子撞击后能量形式发生转换，基体材质、温度和塑性变形能力直接影响着粒子能量的耗散。一般会形成三种形状：半球状、薄饼状和花瓣状（溅射状），其中熔滴的表面张力足够大时可以有效约束颗粒飞溅从而形成薄饼状，否则具有较高速度的液态部分的动能不能被表面张力约束则容易形成花瓣状。图 3-20 所示为微米及微纳米 WC-12Co 粉末撞击铺展。可以看出，由于粉末颗粒直径大小不同，撞击后铺展大小也不相同，两种粉末铺展情况并无太大差异。单个粒子以圆形薄饼状为主，部分边缘可见明显飞溅。

分析认为变形过程如下：粉末撞击基体前的最终形态是固-液两相共存，即 WC 颗粒保持固态，Co 相完全熔化。撞击瞬间液态的 Co 相率先接触基体，流淌并铺展，但固态 WC 颗粒的存在使其动态黏度较大，铺展速度较慢，此时与基体接触区域高温高压的综合作用使基体自身也发生塑性变形，承接粒子动能及热能的转换，在动能、热能及液态 Co 的表面张力共同作用下 WC-12Co 粒子最终完成铺展过程，形成图中所示的形貌。对比图 3-20(c)、(d)可以看出，两种材料粉末熔化效果都较好，微纳米粉末撞击后形成的颗粒更加细小，有助于层层堆积后减小孔隙。

图 3-21 所示为微纳米 WC-12Co 粉末撞击反弹。可以看出，A 处有明显的"碗形坑"但坑内并没有粒子，而 B 处的"碗形坑"内有少量疏松颗粒，两处"碗形坑"基本呈圆形，直径基本为 20～30 μm，边缘有金属塑性变形痕迹。分析认为：高速高温粒子产生的巨大动能撞击后在界面处产生较大的压应力，迫使基体产生强烈的塑性形变，最终以热量形式耗散，加之粒子自身温度共同导致界面温度升高。当温度升高产生的热软化效应超过金属应变硬化效应时，基体便在压应力作用下将软化出的材料向外挤压从而形成"碗形坑"[99]。而 WC-12Co 粒子在完成能量转换后如果粒子颗粒较大，超过液相 Co 对其聚合能力则粒子将会产生反弹[100]，从而留下弹坑。由于粉末较为疏松，可能在坑内余留少量的粉末颗粒。图 3-22 所示为涂层不断形成的过程。

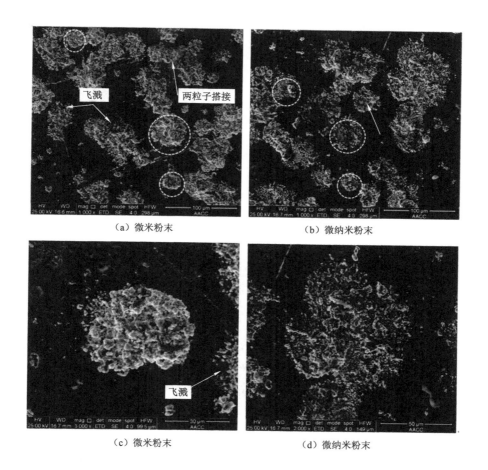

（a）微米粉末　　　　　　　　　　（b）微纳米粉末

（c）微米粉末　　　　　　　　　　（d）微纳米粉末

图 3-20　WC-12Co 粉末撞击铺展

　　根据粒子撞击行为分析，可以看出随着喷涂时间的增加不断有粒子撞击和覆盖基体，同时还有大量的后续粒子撞击到已经铺展好的粒子上，粒子之间相互搭接，逐层沉积。总体来看，粒子熔化程度和铺展程度较好，为形成致密的高质量涂层提供了保障。

　　图 3-23 所示为涂层 C-WC$_m$-1 和 C-WC$_{m/n}$-1 实物。可以看出，涂层表面非常平整，无任何宏观缺陷。

图 3-21 微纳米 WC-12Co 粉末撞击反弹

图 3-22 涂层的不断形成过程

（a）微米涂层　　　　　　　　　　（b）微纳米涂层

图 3-23 涂层 C-WC$_m$-1 和 C-WC$_{m/n}$-1 实物

3.5 涂层内残余应力的产生及涂层-基体界面行为

3.5.1 涂层内残余应力的产生

涂层内残余拉应力会造成涂层裂纹扩展甚至开裂，从而降低涂层耐磨性及耐腐蚀性。而压应力促使裂纹闭合，有利于涂层综合性能的提高，但压应力值也不能过大，否则反而会导致涂层分层[101]。因此，分析涂层制备过程中残余应力的来源和性质，进而控制残余应力至关重要。根据涂层形成过程，最终涂层总的残余应力包括淬火应力、热应力、相变应力[102]及喷丸应力。在熔融

或半熔融颗粒高速撞击到基体上快速冷却至室温的过程中,热量急剧散失从而引起的残余应力即为淬火应力,可由下式给出:

$$\sigma_q = E_c \alpha_c (T_{mc} - T_s) \tag{3-28}$$

式中 E_c、α_c——涂层弹性模量和线膨胀系数;

T_{mc}、T_s——涂层材料熔点和基体温度。

由式(3-28)可知,淬火应力只与材料热力学性能相关,主要由涂层材料的熔点和基体温度差所致,无论何种涂层材料和基体始终为拉应力。

热应力主要源自冷却阶段涂层材料与基体材料间的热膨胀系数失配,应力值可由 Stoney's 公式给出[103]:

$$\sigma_{ht} = \frac{E_{ec}(\alpha_s - \alpha_c)\Delta T}{1 + 4(E_{ec}/E_{es})(h/H)} \tag{3-29}$$

式中 $E_{ec} = E_c/(1-\mu_c)$、$E_{es} = E_s/(1-\mu_s)$,E_c、α_c、μ_c、E_s、α_s、μ_s 为涂层和基体的弹性模量、热膨胀系数及泊松比;

h、H——涂层和基体的厚度;

ΔT——基体温度和涂层制备温度的差值,由于为冷却过程,所以其值为负。

涂层热应力与材料自身的热膨胀系数密切相关,当 $\alpha_s < \alpha_c$ 时热应力为拉应力,当 $\alpha_s > \alpha_c$ 时为压应力。

需要注意的是,涂层越厚,制备涂层时温度越高,热应力越大。基体预热可以减小温差从而降低应力幅值。

相变应力主要源自熔融颗粒凝固过程,由于相变前后相密度不同造成体积不同而产生,可以由下式给出:

$$\sigma_{pt} = \frac{E_c\left(1 - \dfrac{\rho_0}{\rho_1}\right)}{3(2\mu_c - 1)} \tag{3-30}$$

式中 E_c——涂层的弹性模量;

ρ_0、ρ_1——相变前后的密度;

μ_c——涂层的泊松比。

可以看出,如果粒子相变前后密度相差不大,其对涂层最终应力的贡献几乎可以忽略不计[104]。

喷丸应力(σ_p)是 HVOF 喷涂工艺不可回避的一种应力,由于粒子高速撞击基体,喷丸效应将会产生较大幅值的残余压应力,正是由于这种应力状态的存在,沉积较厚的涂层才成为可能。根据 Kuroda 等[105]的研究,由喷丸效应所产生的压应力与粒子动能成正比,速度越高压应力越大。

总的涂层残余应力 σ,即 X 射线衍射测出的残余应力可以由下式给出:

$$\sigma = \sigma_q + \sigma_{ht} + \sigma_p \tag{3-31}$$

涂层孔隙率对弹性模量影响较大,在计算涂层残余应力时可以通过下述公式进行修正[106]:

$$E = E_0(1 - 1.9P + 0.9P^2) \tag{3-32}$$

式中　E——材料的实际弹性模量;

　　　E_0——致密材料的弹性模量;

　　　P——涂层孔隙率。

两种涂层的热力学参数可以根据材料的实际成分采用热力学计算软件 JMatPro-v8 计算并结合前述文献确定,基体参数采用同样方法并参考文献[107]确定。根据上述参数和公式即可求出涂层残余应力理论数值。可以看出,涂层最终应力是上述几种应力的叠加,应力状态则取决于喷涂工艺、涂层及基体的材料特性和工艺参数。选择具备合理匹配的线膨胀系数的涂层-基体材料,对基体进行预热,控制工艺参数和喷涂后保温缓冷等措施是控制涂层残余应力的有效途径。

3.5.2　涂层-基体界面行为

HVOF 喷涂涂层与基体界面间的结合机理尚未有明确的定论。但大部分学者认为一般存在以下几种结合方式:机械结合、物理结合和冶金结合[108]。而冶金结合包括微扩散结合和扁平粒子与基体间的化学反应。在高速熔融粒子瞬间撞击基体后,界面处产生了高压和高温及动能产生的温升成为界面处物理化学反应的重要推手,对形成致密、牢固结合的涂层极其有利[109]。

基体喷砂后表面粗糙度增加,附着力提高,粒子撞击时,液相优先填充凹谷,如果粒子正好撞击在凸峰上将会在速度惯性作用下沿着其铺展,冷却凝固过程中在体积收缩力作用下形成互锁结构,如图 3-24 所示。此时两者的结合方式是热喷涂领域最为常见的机械结合,具体表现是涂层与基体间高低起伏的界面非常明显,如图 3-25 所示。HVOF 喷涂中粒子高速撞击加上 WC 颗粒高硬度和多棱性,使得其像穿甲弹一样嵌入基体内部,如图 3-26 所示。因此互锁和嵌入是涂层与基体界面间起决定性作用的机械结合方式[110]。

在 HVOF 喷涂工艺中,高温粒子高速飞行撞击到基体上大量的动能势必会转化成热能,而这些热能产生的温度将会对基体表面进行补充加热,一旦速

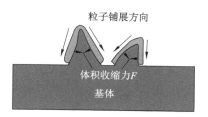

图 3-24　粒子撞击机械结合示意图

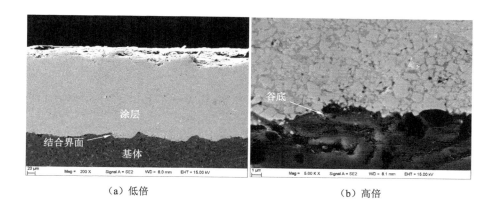

（a）低倍　　　　　　　　　　　　　（b）高倍

图 3-25　C-WC$_{m/n}$-4 涂层与基体界面微观结构

图 3-26　WC 颗粒撞击嵌入基体内部

度达到某阈值时产生的热量很有可能造成基体表面局部熔化,甚至产生微冶金结合[42]。图 3-27 所示为单个 WC-12Co 颗粒撞击铺展 SEM 形貌、线能谱分析和点能谱分析。可以看出,撞击后粒子呈典型的薄饼状,有效直径约为 60 μm,Co 相已经充分熔化,WC 颗粒依然保持原貌。线能谱表明,基体中的少量的 Ti、Al 等元素已经与颗粒之间形成扩散,有利于涂层-基体间结合强度的增加。粒子铺展后处于较高位置点能谱分析表明,只含有 W、C、Co 三种元素,保持原始粉末成分,说明与基体间的元素扩散只有界面处较薄一层,也充分说明撞击动能产生的补充加热作用不可忽略。

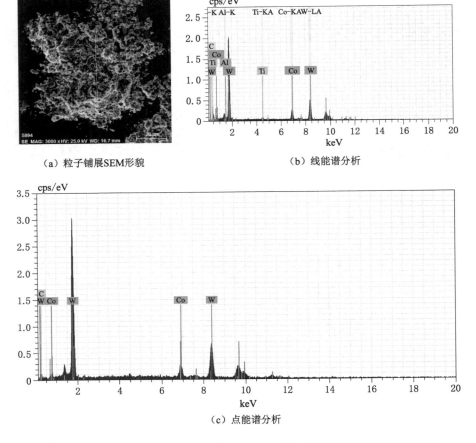

(a) 粒子铺展SEM形貌　　　　　　　(b) 线能谱分析

(c) 点能谱分析

图 3-27　单个 WC-12Co 颗粒撞击铺展 SEM 形貌、线能谱分析和点能谱分析

3.6　涂层原生性微观结构的不均匀性分析

3.6.1　涂层孔隙的不均匀性

　　孔隙是热喷涂涂层的原生性微观结构,对涂层性能影响显著[111]。粉末粒径不同,在相同时间内熔化程度不同。当前一粒子撞击到基体上为未熔化状态或半熔融状态时,如果液相 Co 不能及时填充固相骨架间的空隙便已凝固,涂层将产生孔隙。

　　原始粉末直径不同,产生的孔隙形式和大小也不同,这就造成了涂层的不均匀性。粒子撞击的随机性和无序性决定了孔隙产生的随机性,孔隙的形状、尺寸大小和位置都是不确定的,孔隙产生过程示意图如图 3-28 所示。一般可以分为三种情况:① 单个粒子铺展时,液相不能有效填充基体表面喷砂后的凹坑,从而在界面处产生第一类孔隙;② 任意两粒子中,后一粒子撞击前一凝固的粒子表面,在交界处不能有效铺展和湿润,从而产生第二类孔隙;③ 三粒子交汇,第三个粒子随机撞击到前两个已经凝固的粒子上时,不能有效填充和湿润,从而产生第三类孔隙。

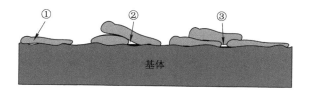

图 3-28　涂层中孔隙形成过程示意图

　　实际涂层孔隙分布如图 3-29 所示。这是不同工艺参数下微米涂层和微纳米涂层的 SEM 照片。可以看出,孔隙的大小、形状和位置都是随机分布的。为掌握孔隙尺寸大小的分布规律,采用统计学分析手段对其进行统计分析。

　　图 3-30 所示为微米和微纳米涂层中孔径平均尺寸的统计分析。微米涂层孔隙数 559 个,平均尺寸在 2.23～22.06 μm 之间;微纳米涂层孔隙数为 330 个,平均尺寸在 3.58～22.01 μm 之间。可以看出,微米涂层孔隙的尺寸分散程度要高于微纳米涂层,孔隙数远高于微纳米涂层。这是因为微纳米粉末流动性好于微米粉末且平均粒度小于微米粉末,在喷涂过程中更容易充分熔化和填充固相骨架间的孔隙。

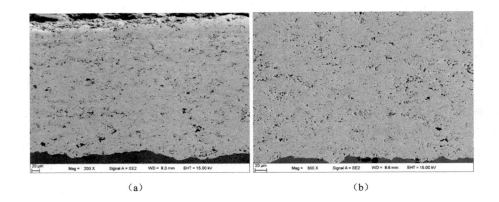

（a）　　　　　　　　　　　　　　　　（b）

图 3-29　C-WC$_m$-4 和 C-WC$_{m/n}$-3 涂层 SEM 照片

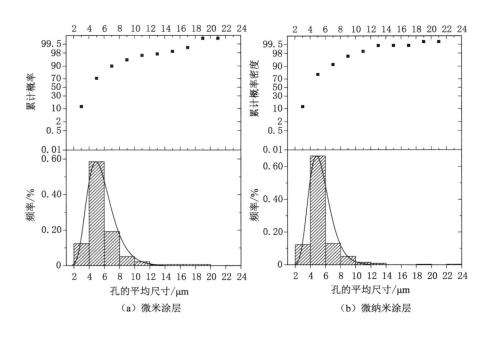

（a）微米涂层　　　　　　　　　　　（b）微纳米涂层

图 3-30　微米和微纳米涂层中孔径平均尺寸的统计分析

由统计结果可知,微米涂层中 $2\sim5~\mu m$ 的小孔隙占比 70.8%,$6\sim10~\mu m$ 的中孔隙占比 24.2%,$10~\mu m$ 以上的稍大孔隙只占比 5%。微纳米涂层中 $2\sim5~\mu m$ 的小孔占比 78.8%,$6\sim10~\mu m$ 的中孔隙占比 18.2%,$10~\mu m$ 以上的稍大孔隙只占比 3%。微纳米涂层小孔隙的概率较为集中,说明微纳米涂层的孔隙率主要由小孔隙贡献,同时由频率直方图可以看出两种涂层的孔隙分布特征均为单模分布,这与 Zhang 等[112]的研究结果完全一致。大孔隙容易导致周边应力场的产生,甚至导致涂层破坏,因此调整工艺参数减小大孔隙产生的概率是控制涂层质量的关键途径之一。

涂层中孔隙的形状不同对涂层性能影响不同,形状越扁越容易造成应力集中,可通过形状系数指标 F_k 进行表征[113]:

$$F_k = \frac{4\pi A}{P_e^2} \tag{3-33}$$

式中　A——涂层孔隙的面积;

P_e——孔隙的周长。

通过 Image Pro Plus 6.0 软件分别求出孔隙的面积和周长具体数值即可求出形状系数 F_k。按照形状系数和孔隙长短轴的比值可以将孔隙分为三类:① 等轴孔隙,长短轴比值小于 $1.5(F_k > 0.94)$;② 不等轴孔隙,长短轴比值大于 1.5 小于 $10(0.22 \leqslant F_k \leqslant 0.94)$;③ 缝隙状孔隙,长短轴比值大于 10 $(F_k < 0.22)$。图 3-31 为微米和微纳米涂层中孔隙形状统计分析图。可以看出,微米涂层中 51.5% 为等轴孔隙,48.3% 为不等轴孔隙,只有 0.2% 为缝隙状孔隙。而微纳米涂层中 54.4% 为等轴孔隙,45.6% 为不等轴孔隙,无缝隙状孔隙。对比发现,微纳米涂层中的等轴孔隙比例比微米涂层中的高约 3 个百分点,而且不存在缝隙状孔隙。这说明微纳米粉末的熔化程度和铺展程度要好于微米涂层。

3.6.2　涂层微观结构缺陷

涂层原生性的微观结构决定了涂层最终性能,喷涂过程中有些缺陷由于工艺参数不当所致,但有些缺陷为工艺所固有。如工艺参数选择不合适可能导致部分颗粒熔化不充分甚至未熔,这些以固相沉积的颗粒将导致孔隙,孔隙的产生为涂层后续诱发裂纹提供了可能。涂层不同位置也会随机产生不同形状和类型的孔隙,涂层中常见原生性微观结构缺陷如图 3-32 所示。图 3-33 所示为微米涂层表面的未熔颗粒。喷涂过程中涂层表面与界面的温度梯度较大最终导致层间应力,从而诱发层间裂纹的产生,如图 3-34 所示,层间裂纹的产生会导致涂层开裂甚至剥落。如果涂层内部应力幅值较大且较厚,也可能引起涂层-基体间的分层失效,如图 3-35 所示[101]。

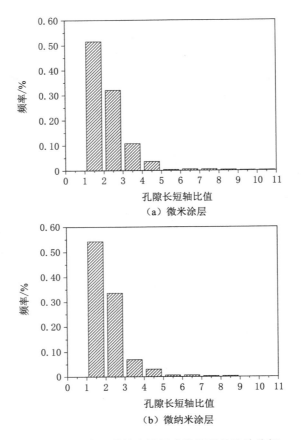

（a）微米涂层

（b）微纳米涂层

图 3-31　微米和微纳米涂层中孔隙形状统计分析

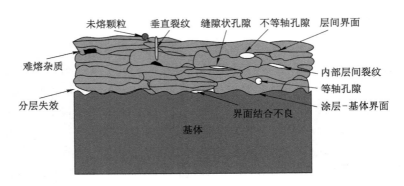

图 3-32　涂层原生性微观结构缺陷示意图

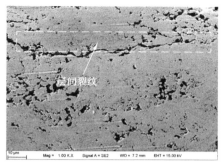

图 3-33　微米涂层表面的未熔颗粒　　　图 3-34　微米涂层(C-WC$_m$-5)层间裂纹

图 3-35　涂层的分层失效[101]

综上所述,与工艺过程相关的原生性缺陷在热喷涂制备涂层过程中不可避免。但通过改善涂层成分、调控工艺参数、合理选择前处理和后处理工艺完全可以制备出性能优异的涂层。

3.7　本章小结

① 在拉格朗日运动方程基础上推导了球形粉末颗粒在超音速焰流中的加速方程。结果表明,粒子的加速度与颗粒直径成反比,焰流速度与粒子飞行速度的差值决定了粒子的加减速。焰流气体的黏度 η_g 对粒子加速的影响主要取决于雷诺数 Re 的影响。

② 建立了单个 WC-12Co 粉末颗粒飞行加热的有限元模型。深入分析了粒子的加热规律,详细对比了颗粒直径、喷涂距离、飞行速度之间的影响关系,

并探讨了微米和微纳米粉末之间的传热特性区别。结果表明,两种粉末虽有热物性参数间的区别但加热熔化趋势基本一致,同样工艺参数下微纳米颗粒的温升稍低。颗粒直径在 20 μm 以下属于等温熔化模式,颗粒直径 20 μm 以上属于梯度熔化模式;颗粒直径 5 μm 及以下粉末将会产生 Co 相气化及 WC 相分解;颗粒直径 50 μm 以上两种粉末都不能熔化。飞行速度和喷涂距离的联合作用决定了颗粒的加热时间,两者间的合理匹配决定了粉末的熔化特性和固-液界面的推移。模拟结果同样验证了本书中选择的 15～45 μm 粒径分布区间和现有工艺参数是非常合理的。因此,该模型可用于粉末材料种类/粒径分布筛选和喷涂工艺参数初步选择。最后依据有限元模拟结果建立了 HVOF 喷涂 WC-12Co 颗粒熔化模式理论模型。

③ 喷涂粒子具备相对时空独立性。两种 WC-12Co 粉末扁平化后主要呈现薄饼状和花瓣状,部分粒子边缘 Co 相熔化溅射清晰可见。由于高温高速粒子撞击,基体个别区域呈现“碗形坑”,边缘存在明显的金属塑性变形。粒子的铺展情况主要受控于液态 Co 的表面张力,而粒子是否反弹也受控于液态 Co 的聚合能力。

④ 涂层和基体材料因素及 HVOF 喷涂的工艺因素决定了涂层最终残余应力状态和幅值。合理匹配涂层-基体材料的线膨胀系数、预热基体、控制工艺参数和喷涂后保温缓冷等措施是控制涂层获得一定幅值残余压应力的关键。涂层与基体间的结合方式以互锁和嵌入等机械结合方式为主,特定工艺参数下可能产生局部微冶金结合,增加涂层-基体间的结合强度。

⑤ 分析了涂层孔隙的形成机制,并给出了孔隙形成模型。根据试验结果采用统计学手段探求了涂层孔隙的不均匀性,并采用孔隙形状系数对孔隙类别进行了表征。结果表明,微米涂层和微纳米涂层中 2～10 μm 的小孔隙占比分别为 95％和 97％,10 μm 以上的大孔隙微纳米涂层少于微米涂层,两种涂层的孔隙率均由小孔隙贡献。此外,微米涂层中 51.5％为等轴孔隙,48.3％为不等轴孔隙,只有 0.2％为缝隙状孔隙。而微纳米涂层中 54.4％为等轴孔隙,45.6％为不等轴孔隙,无缝隙状孔隙,充分说明微纳米粉末的熔化程度和铺展程度要优于微米涂层。

第 4 章　HVOF 喷涂涂层组织结构及性能分析

WC 具备较高的常温硬度和热硬度,在 Co、Ni 等金属中湿润性良好,在一定温度下能较好地溶解到这些金属中,温度下降时又能析出形成 W_xC 骨架,形成"软基相+硬质相"的微观结构,可有效提高涂层耐磨性。纳米 WC 颗粒的添加所形成的纳米结构涂层能充分利用纳米材料特性使涂层性能得到进一步提升。本章分别选用微米结构和微纳米结构 WC-12Co 粉末为原料,采用 HVOF 喷涂工艺在钛合金表面分别制备微米和微纳米结构金属陶瓷涂层。旨在分析工艺因素和材料因素对涂层微观结构和性能的影响,同时对比微米结构和微纳米结构涂层的性能差异,为涂层在实际工程中的应用提供试验依据。

4.1　粉末特性分析

4.1.1　粉末微观形貌

图 4-1 所示为微米及微纳米结构 WC-12Co 粉末 SEM 形貌。由图 4-1(a)、(c)可以看出,两种粉末球形度都较好,颗粒大小不一,表面疏松多孔且较为粗糙,在焰流中加热时换热面积增大,能均匀受热和充分熔化,有利于后续粒子的铺展和变形,形成致密涂层。

由图 4-1(b)可以看出,微米结构粉末以微米、亚微米尺度为主;而微纳米粉末[图 4-1(d)]以亚微米和纳米尺度为主。两种粉末中 WC 颗粒形状均为不规则多棱状,随机分布,这种结构在撞击基体时很容易嵌入界面形成"钉扎"效应,产生牢固的机械结合。

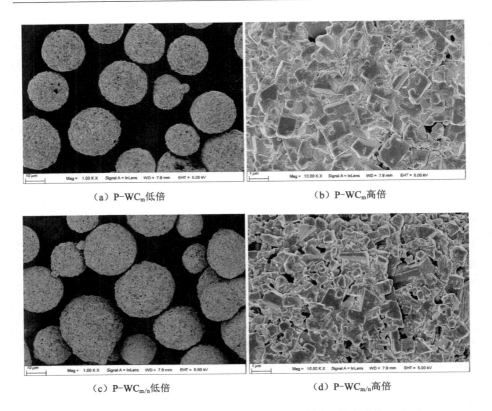

<table>
</table>

（a）P-WC$_m$低倍   （b）P-WC$_m$高倍

（c）P-WC$_{m/n}$低倍   （d）P-WC$_{m/n}$高倍

图 4-1　微米及微纳米结构 WC-12Co 粉末 SEM 形貌

4.1.2　粉末粒度、流动性及比表面积分析

由表 4-1 可以看出,微纳米结构粉末的比表面积几乎是微米结构的 2 倍,活性较高。两者流动性均较好,可有效避免出现过小颗粒熔化粘枪。图 4-2 所示为微米及微纳米结构 WC-12Co 粉末粒度分布。可以看出,微纳米结构粉末粒度较为集中,极少偏出名义粒度尺寸。

表 4-1　微米及微纳米结构 WC-12Co 粉末粒度信息

粉末类型	比表面积 /(m^2/g)	D10 /μm	D50 /μm	D90 /μm	流动性 /(s/50 g)
P-WC$_m$	1.063 2	18.093	27.392	41.408	12
P-WC$_{m/n}$	2.008 0	19.643	27.536	38.585	13

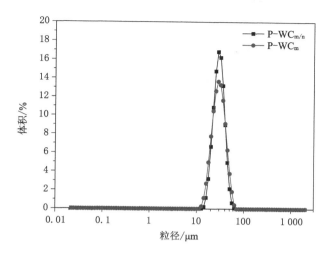

图 4-2 微米及微纳米结构 WC-12Co 粉末粒度分布

4.1.3 粉末 TEM 分析

图 4-3 所示为两种 WC-12Co 粉末 TEM 电子衍射花样,图 4-4 和图 4-5 所示分别为微米及微纳米结构 WC-12Co TEM 形貌。微米结构粉末晶粒较为粗大,在电子照射区域内符合衍射条件的晶粒较少。而微纳米结构粉末中电子衍射花样基本呈连续的环状,说明在电子束照射区域内,有较多取向不同的小晶粒符合衍射条件,意味着粉末的纳米化程度较高[114]。

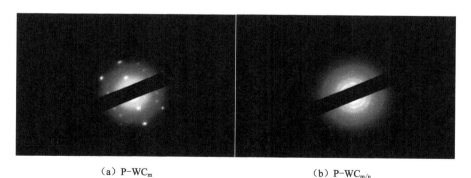

（a）P-WC_m   （b）P-WC_{m/n}

图 4-3 WC-12Co 粉末 TEM 电子衍射花样

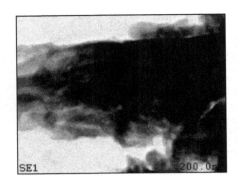
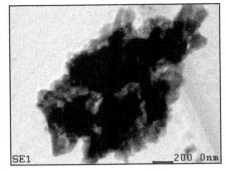

图 4-4　P-WC$_m$ 粉末 TEM 形貌　　　　图 4-5　P-WC$_{m/n}$ 粉末 TEM 形貌

此外可以看出,两种粉末中 WC 均呈不规则形状,微米结构粉末中 WC 尺度较大,而微纳米结构粉末中 WC 颗粒远小于微米结构,部分颗粒处于纳米尺度。

4.1.4　粉末 XRD 分析

图 4-6 所示为 WC-12Co 粉末 XRD 衍射图谱。可以看出,两种 WC-12Co 的衍射峰都很纯净,只含有 WC 和 Co 两种相,没有发现 W 单质、W$_2$C 以及其他含 Co 的亚稳态碳化物相。微米粉末中 WC 的衍射强度比微纳米粉末要高。

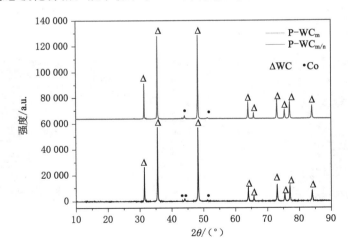

图 4-6　WC-12Co 粉末 XRD 衍射图谱

4.2　涂层表面 SEM 形貌

图 4-7 所示为 WC-12Co 涂层表面 SEM 形貌（以 C-WC$_m$-1 和 C-WC$_{m/n}$-1 为例）。由图 4-7（a）、（b）可以看出，两种涂层的表面都较为平整，表面粗糙度均值分别为 $Ra=11.66$ μm 和 $Ra=6.79$ μm，微纳米涂层表面更为光滑。原因如下：① 同等条件下微纳米粉末由于活性大受热更加均匀，粉末中的纳米尺度颗粒在等量的液相 Co 中更容易受到表面张力的驱动和铺展，形成更加均匀平整的涂层表面。② 从铺展极限角度考虑，无论如何铺展，凝固后的薄饼状粒子厚度都不可能小于固态 WC 颗粒尺寸的最大值，因此颗粒尺度越小涂层表面粗糙度越小。

（a）C-WC$_m$-1低倍　　　　　　　　（b）C-WC$_{m/n}$-1低倍

（c）C-WC$_m$-1高倍　　　　　　　　（d）C-WC$_{m/n}$-1高倍

图 4-7　WC-12Co 涂层表面 SEM 形貌

对比图 4-7(c)和(d)发现,两种粉末熔化程度都较好,但微纳米粉末熔化更为充分且基本保持了原始纳米尺度的 WC 颗粒,液态黏结相 Co 在小尺度 WC 颗粒骨架间自由流淌,孔隙更少,涂层更致密。

4.3　涂层 XRD 分析

4.3.1　涂层物相分析

图 4-8 和图 4-9 分别为微米和微纳米 WC-12Co 涂层的 XRD 图谱。

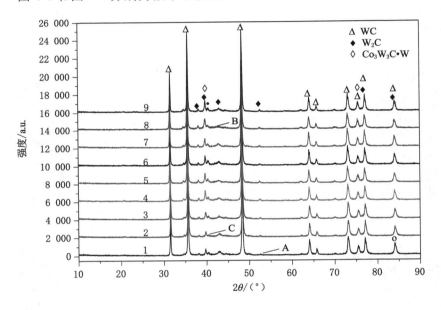

图 4-8　微米 WC-12Co 涂层 XRD 图谱

与原始粉末相比,WC 主峰衍射强度都有所下降,说明 WC 发生了不同程度的分解。但两种涂层衍射峰主峰均为 WC(31.5°、35.6°、48.3°附近),仅有少量的 W_2C 和 Co_3W_3C 等脆性相。从 W_2C 的衍射强度看,各涂层分解程度并不高。如图 4-8 所示,虽然衍射主峰均为 WC,但不同工艺参数下 XRD 图谱还是有所区别的。如 1、2 号试样 A 处 53°附近并未出现 W_2C 的衍射峰,而 3～9 号试样均有 W_2C 的衍射峰。8 号试样 B 处 43°未出现 W_2C 的衍射峰,2 号试样未出现 W 的衍射峰,但其他涂层均出现。对比衍射强度发现,即使出

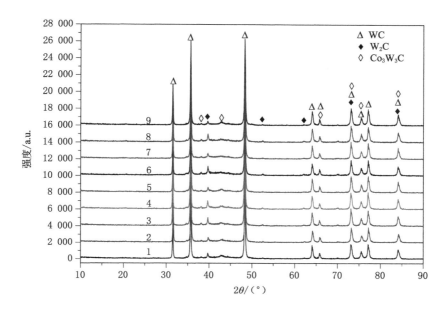

图 4-9　微纳米 WC-12Co 涂层 XRD 图谱

现 W_2C 的衍射峰,但是强度也有所区别。这说明工艺参数不同,产生的焰流温度和速度均不同,粒子加速加热特性不同,从而产生的涂层存在结构化差异。没有出现大量 WC 颗粒的氧化脱碳现象,说明工艺参数控制得较好,也说明了材料因素和工艺因素对涂层性能影响极大。W_2C 和 WC 最大峰值的衍射强度的比值(W_2C/WC)可在一定程度上说明 WC 的分解程度[115]。由表 4-2 可以看出,两种涂层的失碳程度相当,几乎没有太大差异。

表 4-2　涂层中 W_2C 和 WC 最大衍射强度比值(W_2C/WC)

涂层类别	样件号								
	1	2	3	4	5	6	7	8	9
C-WC$_m$	0.199	0.210	0.199	0.184	0.200	0.187	0.202	0.201	0.206
C-WC$_{m/n}$	0.197	0.202	0.218	0.201	0.192	0.208	0.196	0.205	0.203

实际上,WC 分解脱碳主要取决于温度。航空煤油和氧气的混合比决定了粒子的速度和温度。煤油流量低,氧气流量过剩,则粒子与过剩的氧气容易发生氧化反应,产生氧化物夹杂。同时煤油流量低会导致粒子加速慢,动能降

低,撞击动能较小,粒子间及涂层与基体间结合力下降。但如果煤油流量升高,燃烧耗氧量增加,焰流温度升高,氧气剩余量减少,粒子动能提高,撞击动能较大,粒子扁平化程度较高,孔隙率减小,但是 WC 分解可能加剧。因此,合适的煤油流量和氧气流量的混合比有利于减少 WC 的分解。微纳米涂层 WC 分解并不多主要因为:虽然微纳米颗粒粒度较小,容易受热、熔融程度高,但 WC 晶粒越细小,Co 相与 WC 分布越均匀,抗氧化性能越高,反而能有效抑制 WC 的脱碳分解。

4.3.2 WC 的分解及溶解行为

HVOF 喷涂是以氧气作为助燃气体,因此分析 WC 的分解要综合考虑热分解和氧化分解两种模式。WC 化学性质稳定,熔点高达 3 048 K,根据第 3 章(3.3 节)有限元分析结果来看,仅靠焰流加热很难超过熔点,因此一般不会直接熔化。但当遇见 Co 等湿润性较好的金属时,高温下可以相互润湿,WC 颗粒可能会与基相间发生界面反应,产生溶解现象。化学反应过程中各种相的生成必须要依靠一定的热力学及动力学条件才能完成。根据 Kirchhoff 定律和各种物质的热力学数据,得出可能发生的 WC 颗粒溶解 ΔG_T(吉布斯自由能变化)反应方程式如下:

$$2WC \Longrightarrow W_2C + C \tag{4-1}$$

$$W_2C \Longrightarrow 2W + C \tag{4-2}$$

$$WC \Longrightarrow W + C \tag{4-3}$$

$$W_2C \Longrightarrow WC + W \tag{4-4}$$

对上述反应进行吉布斯自由能变化的热力学计算,可得 WC 不同分解反应 ΔG 随温度变化的曲线[116]。温度是上述四种分解反应的关键因素,当温度较低时,四种分解反应均不能进行。HVOF 喷涂过程中焰流温度最高约 3 273 K,粒子温度至少在 1 768 K(才能保证 Co 相熔化)以上,因此主要考虑高温段的反应。在高温段只有式(4-1)的吉布斯能小于零,其他分解反应均大于零。这意味着当温度升高到某一数值时分解反应开始发生。热力学计算结果显示,此温度为 1 523 K,已通过 DTA 测试得到验证[117]。

综上所述,在 HVOF 喷涂过程中 WC 的热分解反应主要以式(4-1)为主。从热力学过程来看,WC 的分解似乎不可避免。因此,唯有控制粒子速度和粉末受热时间来减少 C 的损失。

当有氧元素存在且达到一定含量时,W_2C 可能发生进一步反应:

$$W_2C + O_2 \Longrightarrow 2W + CO_2 \tag{4-5}$$

在一定条件下还可能发生下述反应[118]：

$$3Co + 3W + C \Longrightarrow Co_3W_3C \tag{4-6}$$

Co_3W_3C 的形成会减少涂层中黏结相 Co，从而影响涂层的硬度。

WC 的溶解是优先发生在表面能最高和热力学最不稳定的棱角和晶粒表面处，棱角变得圆润，如图 4-10 所示。溶解速度和程度主要与受热温度和时间有关[119]。研究还发现，WC 颗粒的溶解程度与其含量密切相关[120]。WC 含量越高，湿润单个 WC 颗粒周围的液相量 Co 相对减少，WC 溶解量减小，降低了溶解度。溶解过程中尺度较小的 WC 率先开始，而直径较大的仅有表面及棱角处部分溶解。WC 颗粒周围的 W、C 两相浓度差逐步减小则可以进一步降低溶解度。综合上述分析，由于 HVOF 喷涂过程中粉末加热时间很短，WC 真正的分解或溶解是较少的，大量 WC 颗粒依然保持原始形貌，这一点从两种涂层的 XRD 图谱中也得到了验证。

图 4-10　WC 颗粒溶解特征

WC 溶解利弊分析[117,121]：① WC 的溶解使颗粒界面粗化，增强与黏结相 Co 的内聚强度；② WC 的溶解并固溶到 Co 相中甚至再结晶析出，对涂层产生固溶强化和弥散强化作用；③ 溶解势必造成 C 的损失并影响颗粒完整性，进而减小增强效果。因此，在超音速火焰喷涂过程中要控制好温度和粒子飞行速度来保证 WC 的溶解度。

4.4　涂层截面微观结构分析

涂层的微观结构通常包含粒子层间结构和粒子内部结构[81]。层间结构主要包括孔隙率、层间界面情况、微裂纹及扁平化程度。内部结构主要包括碳化物颗粒尺寸与含量、晶体结构及缺陷、晶粒大小等。

4.4.1 截面 SEM 组织形貌及孔隙率分析

（1）微米涂层

图 4-11～图 4-19 所示为微米涂层（C-WC$_m$-1～C-WC$_m$-9）在不同工艺参数下的微观形貌。涂层的共性特征为：涂层中 WC 颗粒主要以微米和亚微米尺度为主，厚度在 200～450 μm 之间，与基体结合良好，界面呈不规则曲线状，无明显缺陷，无等离子喷涂工艺中的典型层状结构。不同尺度的 WC 颗粒均匀地弥散分布在黏结相 Co 基相上，粒子间界面清晰，与 Co 相结合良好。WC 颗粒基本保持了多棱状，少量颗粒边缘变得光滑圆润。说明在喷涂过程中黏结相 Co 发生熔化，绝大多数的 WC 颗粒保持固相，对于颗粒极小的 WC 可能发生熔化或溶解。颗粒最终以固-液两相状态撞击基体形成涂层。这与有限元模拟结果相吻合，也与较多的文献试验结果保持一致[122-123]。

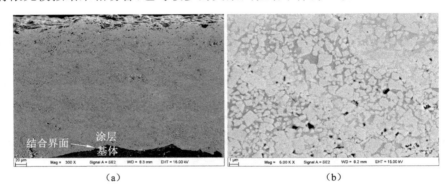

（a） （b）

图 4-11 C-WC$_m$-1 涂层微观形貌

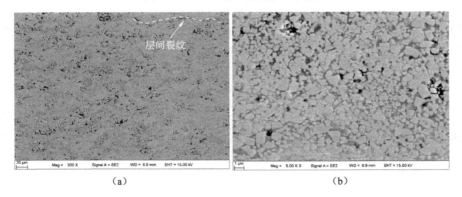

（a） （b）

图 4-12 C-WC$_m$-2 涂层微观形貌

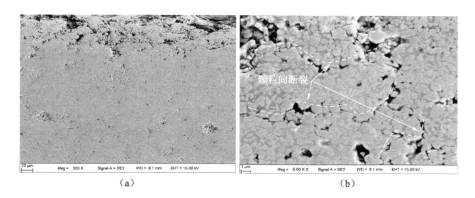

图 4-13　C-WC$_m$-3 涂层微观形貌

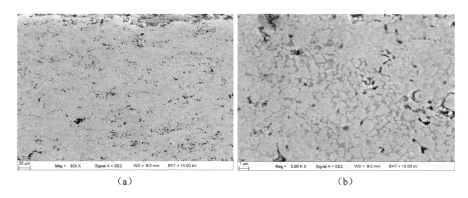

图 4-14　C-WC$_m$-4 涂层微观形貌

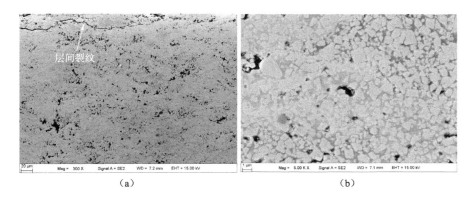

图 4-15　C-WC$_m$-5 涂层微观形貌

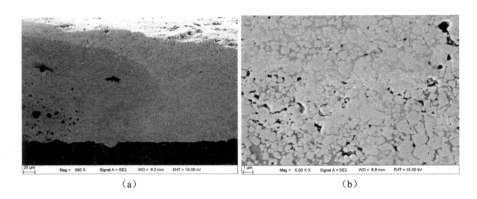

图 4-16　C-WC$_m$-6 涂层微观形貌

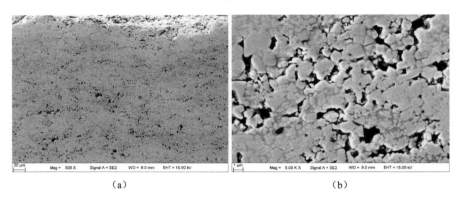

图 4-17　C-WC$_m$-7 涂层微观形貌

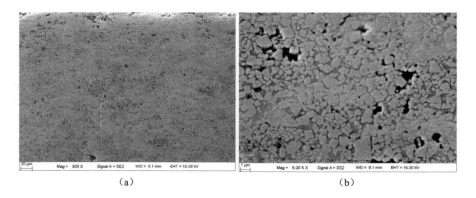

图 4-18　C-WC$_m$-8 涂层微观形貌

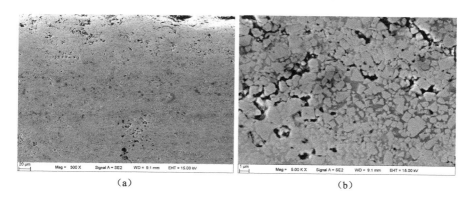

（a）　　　　　　　　　　　　（b）

图 4-19　C-WC$_m$-9 涂层微观形貌

　　观察发现,不同工艺参数下涂层微观形貌表现出了明显的结构差异性。具体体现在孔隙特征(孔隙率、孔隙形态及分布)、裂纹特征(形态及分布)和WC 颗粒特征(尺度及分布)等方面。如图 4-11 所示,C-WC$_m$-1 涂层结构非常致密[图 4-11(a)],孔隙率只有 0.7％且大部分位于涂层顶端,界面明显,为典型的机械结合。由高倍形貌[图 4-11(b)]可以看出,WC 颗粒均匀地分布在熔化的黏结相 Co 中,孔隙基本呈圆形。如图 4-12 所示,C-WC$_m$-2 涂层孔隙率为 2.26％,存在层间裂纹,主要由于层间界面温度梯度过大产生的层间应力引起了层间开裂。对比图 4-11(b)和图 4-12(b)发现,C-WC$_m$-2 涂层中尺寸较大的 WC 明显减小,这意味着 WC 分解或溶解造成了尺寸减小,涂层中孔隙尺寸较大。图 4-13 中 C-WC$_m$-3 涂层孔隙率高达 2.78％[图 4-13(a)],大尺寸WC 颗粒与 C-WC$_m$-1 涂层相比也有明显减少。与前两者相比,出现了明显的颗粒间断裂,裂纹呈曲线分布。这主要是由于粒子熔化不充分,液相量 Co 不足且来不及填充 WC 颗粒间的缝隙,冷却过程中造成了开裂[图 4-13(b)],这种缺陷会严重影响涂层硬度和耐磨性。对比 C-WC$_m$-1～C-WC$_m$-3 的工艺参数发现,煤油流量相同,但氧气流量 C-WC$_m$-3 的最小。氧气流量较小时,煤油无法充分燃烧,焰流速度小且温度低,颗粒熔化不充分且扁平化程度低,搭接处容易形成孔隙。冷却过程中液相 Co 来不及填充,产生了大量孔隙,在收缩应力作用下小孔隙相互贯穿形成沿晶断裂的“孤岛”。随着氧气含量增加,煤油燃烧逐渐充分,焰流温度和速度适中,颗粒熔化和铺展充分,此时形成的涂层质量较好,如 C-WC$_m$-1。但是如果氧气流量进一步加大,造成煤油充分燃烧、氧气过剩,粒子容易发生氧化反应,失碳加剧。同时过剩的气体在冷却阶段来不及逸出，留在涂层内同样会造成孔隙率的增加[124]。涂层 $C-WC_m-4$、$C-WC_m-5$、$C-WC_m-6$ 孔隙率分别为 1.83%、3.84% 和 2.0%。涂层 $C-WC_m-5$ 中也出现了层间裂纹。对比工艺参数，三者煤油流量一致且较大，煤油流量越大火焰温度越高，焰流速度越快。与涂层 $C-WC_m-4$ 氧气流量配比时，混合比适中，粒子熔化和铺展较好，涂层质量较高。而与涂层 $C-WC_m-5$ 氧气流量配比时，火焰温度高且喷涂距离最远，加热时间最长，且送粉速率最低，失碳较为严重，且由于飞行时间长颗粒中的氧化夹杂增加从而导致孔隙率增加。与涂层 $C-WC_m-6$ 氧气流量配比时，虽然煤油流量大于氧气流量产生了较高温度的火焰，但喷涂距离为三者中最短，焰流速度快，加热时间最短，而且送粉速率居中，因此粒子熔化和铺展效果也较好，涂层质量与涂层 $C-WC_m-4$ 基本接近。

涂层 $C-WC_m-7$、$C-WC_m-8$、$C-WC_m-9$ 孔隙率分别为 2.45%、2.31% 和 1.5%，涂层 $C-WC_m-7$ 也出现类似涂层 $C-WC_m-3$ 中大量的由于液相不足导致的孔洞。由图 4-13 可以看出，涂层中的裂纹基本是沿着 WC 颗粒和黏结相 Co 的界面扩展，一旦遇到 WC 颗粒立即发生偏转，增加了扩展路径。加之 Co 相和 WC 之间的界面能较高，相对 WC 颗粒的拘束力较大，涂层在保持高硬度的同时兼具一定的韧性。

从上述图片中可以看出，涂层中 WC 颗粒的尺寸和形貌基本与原始粉末保持一致。尺寸在 $1~\mu m$ 以上的基本依然有明显的棱角，这说明在喷涂过程中大颗粒 WC 的溶解或分解程度极低。

（2）微纳米涂层

图 4-20～图 4-28 所示为微纳米涂层（$C-WC_{m/n}-1$～$C-WC_{m/n}-9$）在不同工艺参数下的微观形貌。总体来看，与微米涂层相比界面结合更紧密，这是由于微纳米粉末在同样的工艺参数下具有更高的动能和热焓值，受热更加均匀，撞击后平展更为充分。添加的纳米颗粒依然保持在小于 200 nm 的尺度。颗粒外形光滑，没有棱角，这是由于纳米颗粒活性较大，温度升高时容易发生溶解。对比原始粉末和微纳米涂层中 WC 颗粒大小发现，由于黏结相 Co 的保护，纳米晶粒在高温下的长大倾向并不明显。涂层的共性特征为：WC 颗粒主要以亚微米、纳米尺度为主，存在个别微米颗粒，厚度在 $100～300~\mu m$ 之间，界面结合良好，无明显缺陷。亚微米和纳米尺度的 WC 颗粒均匀地弥散分布在黏结相 Co 基相上，大小颗粒相互交错，粒子间界面清晰，结合良好。大尺寸 WC 颗粒基本呈原始粉末中的多棱状，少量发生部分溶解。所有涂层未见明显层间裂纹的出现，主要归因于粉末熔化程度、铺展程度和所添加的纳米 WC 颗

粒提升了涂层的断裂韧性。添加纳米 WC 颗粒后,涂层在显微硬度提高的同时断裂韧性可从微米涂层的(7.38±0.79)MPa·$m^{1/2}$ 提高到微纳米涂层的(11.5±1.4)MPa·$m^{1/2[125]}$。此外 WC 尺寸的减小和细化,存在大量细晶粒边界,颗粒结合处强度提高,有效阻止了疲劳裂纹的扩展。这种增强增韧的涂层结构对显微硬度和耐磨性贡献很大。孔隙率最小为涂层 C-WC$_{m/n}$-4(0.38%),孔隙率最大为 C-WC$_{m/n}$-8(2.62%),具体分析参见微米涂层。

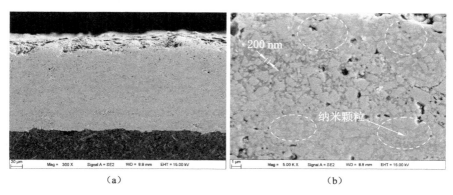

图 4-20　C-WC$_{m/n}$-1 涂层微观形貌

图 4-21　C-WC$_{m/n}$-2 涂层微观形貌

　　需要注意的是,纳米 WC 颗粒活性较大,虽说熔化和铺展效果好于微米 WC,降低了涂层孔隙率,但如果工艺参数控制不当,却容易氧化失碳,降低了涂层中碳化物的含量,反而不利于涂层硬度和耐磨性能的提高[126]。图 4-29所示为两种涂层孔隙率对比。可以看出,除 8 号试样外,微纳米涂层的孔隙率均低于微米涂层。

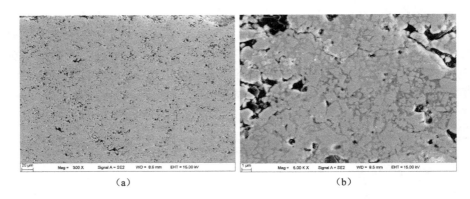

图 4-22　C-WC$_{m/n}$-3 涂层微观形貌

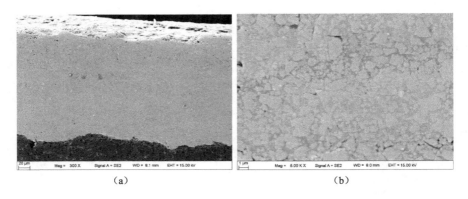

图 4-23　C-WC$_{m/n}$-4 涂层微观形貌

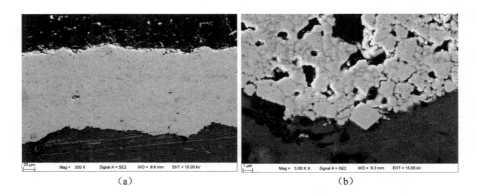

图 4-24　C-WC$_{m/n}$-5 涂层微观形貌

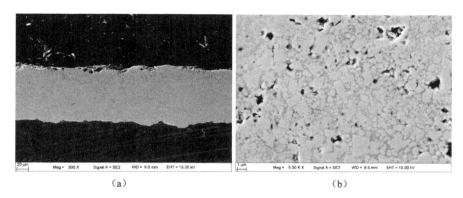

（a）　　　　　　　　　　　　　（b）

图 4-25　C-WC$_{m/n}$-6 涂层微观形貌

（a）　　　　　　　　　　　　　（b）

图 4-26　C-WC$_{m/n}$-7 涂层微观形貌

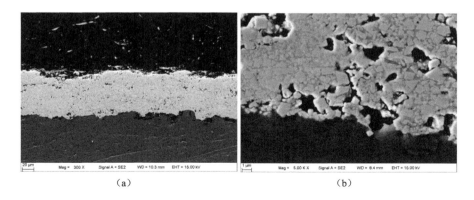

（a）　　　　　　　　　　　　　（b）

图 4-27　C-WC$_{m/n}$-8 涂层微观形貌

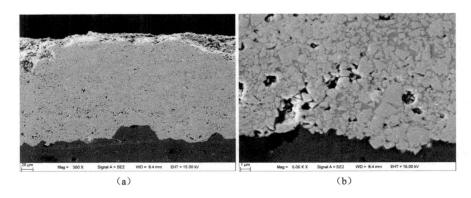

（a）　　　　　　　　　　　　　　　（b）

图 4-28　　C-WC$_{m/n}$-9 涂层微观形貌

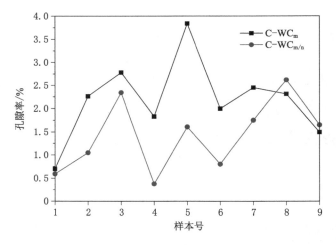

图 4-29　　两种涂层孔隙率对比

从工艺参数角度综合分析如下：氧气流量由少到多主要配合煤油的燃烧，从燃烧不足、充分燃烧到氧气过剩，分别影响了粉末的熔化程度、撞击速度、扁平化程度和氧化失碳程度。如果粒子熔化程度低，粉末以固态或仅仅软化状态撞击基体时，较大的 WC-12Co 颗粒容易分散，容易形成大量孔隙，WC 颗粒反弹还会引起碳化物含量减少。同时颗粒间与黏结相 Co 的结合程度较差，Co 相对其束缚程度较低，结合强度较小，造成显微硬度较低，耐磨性较差[127]。因此，煤油流量和氧气流量的混合比非常重要，两者比值最好接近煤油充分燃烧的化学计量比[128]，这样有利于将燃料性能充分发挥产生适中的焰流速度和温度，获得优异综合性能的涂层。当煤油流量和氧气流量固定时，喷涂距离决定了粒子的飞行时间和末端速度,进而决定了粉末颗粒的加热熔化和铺展程度[129]。喷涂距离过小,加热时间短,粉末熔化不充分,未熔颗粒增加,导致孔隙率增加。较小的距离和高速度还可能引起大的 WC 颗粒的反弹,也会造成碳损失,影响涂层的显微硬度。过大的喷涂距离,降低了粒子速度和碰撞动能,粉末扁平化程度较低,孔隙率也会增加,因此喷涂距离的选择也非常重要。送粉速率决定了单位时间内穿过焰流的粒子数,送粉速率过低粉末受热程度加大,易造成 WC 分解或氧化,夹杂增多,孔隙率增大,失碳程度加剧,反而影响涂层显微硬度和耐磨性;送粉速率过高容易造成粉末加热不充分,熔化程度和铺展程度低,也会增加孔隙率,同样影响涂层显微硬度和耐磨性。可以看出,工艺因素对涂层质量的影响非常复杂,必须建立工艺参数与涂层质量间的泛函关系来探求工艺参数间交互影响规律。

4.4.2　涂层表面 EDS 分析

图 4-30 所示为微米涂层表面面能谱分析(以 C-WC$_m$-1 为例)。

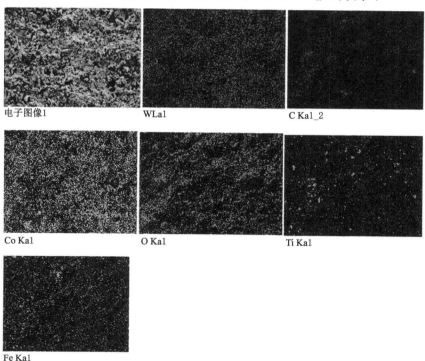

图 4-30　微米涂层表面面能谱分析

　　可以看出,涂层表面元素以 W、Co、C、O 为主,和原始粉末成分基本保持一致。此外,出现了微量的 Ti 和 Fe 元素(表 4-3),主要源于基体元素的扩散;O 元素含量相对原始粉末升高,源于喷涂过程中焰流中较多的氧气流量。

　　图 4-31 所示为微纳米涂层表面面能谱分析(以 C-WC$_{m/n}$-1 为例)。涂层表面元素以 W、Co、C、O 为主,也和原始粉末成分基本一致。此外,出现了微量的 Ti、Al、Fe 元素(表 4-4),主要源于基体中的扩散。与微米涂层相比,O 元素含量相对较高,这说明微纳米 WC 更容易氧化。

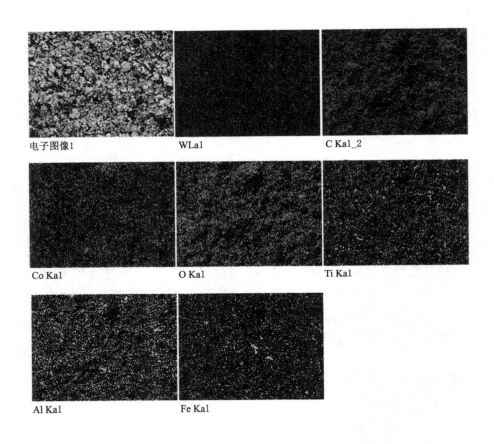

图 4-31　微纳米涂层表面面能谱分析

表 4-3　微米涂层表面元素及含量

元素	元素浓度	重量百分比/%	原子百分比/%
C	8.54	35.53	69.03
O	4.97	14.92	21.76
Ti	0.56	0.73	0.36
Fe	0.88	1.07	0.45
Co	6.90	8.54	3.42
W	25.86	39.21	4.98
总量		100.00	

表 4-4　微纳米涂层表面元素及含量

元素	元素浓度	重量百分比/%	原子百分比/%
C	14.31	44.19	70.40
O	7.37	19.72	23.58
Al	0.45	0.52	0.34
Ti	0.60	0.68	0.27
Fe	0.59	0.65	0.22
Co	5.89	6.45	2.16
W	21.39	27.80	3.02
总量		100.00	

4.4.3　涂层截面 EDS 分析

图 4-32 和图 4-33 所示分别为两种涂层截面面能谱分析(以 C-WC$_m$-1 和 C-WC$_{m/n}$-1 为例)。由图 4-32 可以看出,基体中的 Ti、Al、N、V 等元素在喷涂过程中都向涂层扩散,而涂层中的 W、Co 元素也向基体发生了明显扩散,O、C 两元素在涂层和基体中分布基本均匀。与涂层表面相比,O 元素含量非常低(表 4-5),这说明涂层内部的氧化程度较低。

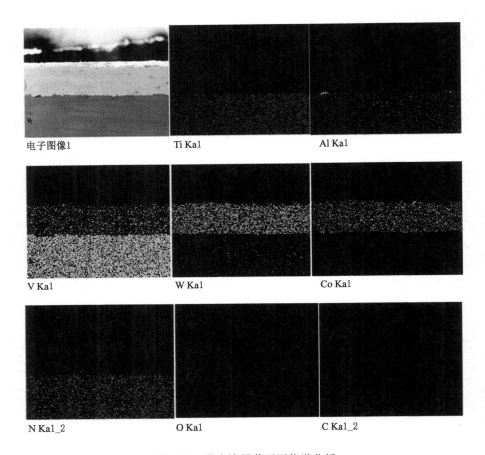

图 4-32　微米涂层截面面能谱分析

　　由图 4-33 可以看出,基体中的 Ti、Al、N、V 元素在喷涂过程中都向涂层扩散,而涂层中的 W、Co 元素也向基体发生了明显扩散,O、C 两元素在涂层和基体中分布基本均匀。与其表面相比,O 元素含量低了许多,与微米涂层截面相比 O 元素含量基本相当(表 4-6)。这进一步说明氧化大部分发生在涂层表面,而两种涂层内部的氧化程度都不高。对比微米涂层截面面能谱发现,微纳米涂层中含碳量稍高,而且涂层中 C 元素分布明显比基体富集,说明微纳米涂层在喷涂过程中失碳并不多。

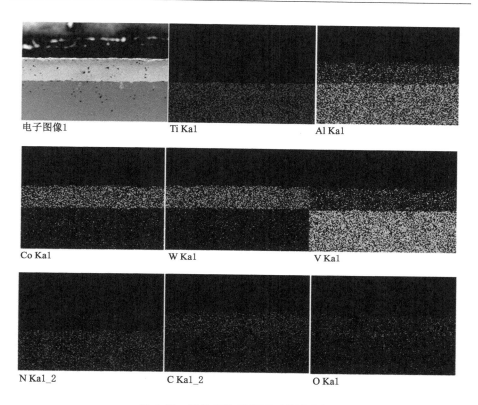

电子图像1　　　　Ti Ka1　　　　Al Ka1

Co Ka1　　　　W Ka1　　　　V Ka1

N Ka1_2　　　　C Ka1_2　　　　O Ka1

图 4-33　微纳米涂层截面面能谱分析

表 4-5　微米涂层截面元素及含量

元素	元素浓度	重量百分比/%	原子百分比/%
C	2.80	17.22	47.50
N	0.80	1.10	0.60
O	1.12	7.63	15.80
Al	1.35	2.30	2.82
Ti	20.05	34.63	24.12
V	0.94	1.60	1.04
Co	2.70	4.48	2.52
W	14.58	31.05	5.60
总量		100.00	

表 4-6　微纳米涂层截面元素及含量

元素	元素浓度	重量百分比/%	原子百分比/%
C	3.14	19.24	49.37
N	1.25	1.25	0.30
O	1.00	7.64	14.72
Al	1.49	2.67	3.05
Ti	21.00	38.40	25.21
V	1.07	1.89	1.14
Co	2.20	3.85	2.02
W	11.21	25.06	4.20
总量		100.00	

4.4.4　与等离子喷涂涂层对比

为对比超音速火焰和大气等离子喷涂工艺下涂层的微观结构,采用等离子喷涂工艺制备了 WC-12Co 涂层。该试验在 Sulzer Metco 7MC 型等离子喷涂系统上进行。以 Sulzer Metco 公司生产的 443NS NiCrAl 粉末作为过渡层,粒度为 44～120 μm,具体工艺流程和工艺参数见研究成果(文献[130])。涂层表面及界面形貌如图 4-34 所示。

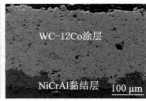

（a）涂层表面　　　　　（b）涂层与过渡层　　　　　（c）过渡层与基体

图 4-34　等离子喷涂 WC-12Co 涂层表面与界面形貌

可以看出,涂层表面较为粗糙,存在较多的未熔颗粒[图 4-34(a)]。这是由于此工艺参数下粉末在焰流中加热时间较短,熔化不充分,缺少黏结相 Co 的液相补充。涂层内存在较多大小不一的孔隙,如图 4-34(b)所示,经灰度法测量,孔隙率高达 10.2%,远高于 HVOF 喷涂工艺获得的涂层。图 4-34(c)显示了 NiCrAl 过渡层-基体结合界面形貌。可以看出,呈现出典型的等离子喷涂层状结构,这与超音速火焰喷涂有着较大区别。涂层与基体间结合紧密但界线明显,表明涂层与基体之间仍以机械结合为主。由于高速撞击个别 WC 颗粒嵌入 NiCrAl 过渡层中,与其形成了牢固的"互锁",提高了界面结合强度。图 4-35 所示为涂层截面点 A 处能谱分析结果。可以看出,涂层主要由 W、C 和 Co 等元素构成,与喷涂用粉末成分一致,说明在等离子喷涂过程中并未有杂质出现。

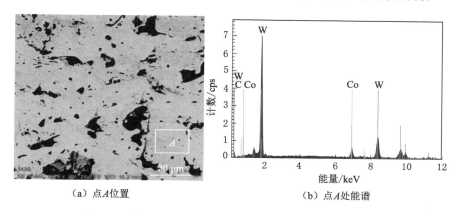

（a）点 A 位置　　　　　　　　（b）点 A 处能谱

图 4-35　等离子喷涂 WC-12Co 涂层截面点 A 处能谱分析

图 4-36 所示为等离子喷涂 WC-12Co 涂层表面 XRD 衍射图谱。可以看出,涂层的主要物相是 WC,兼有新相 W_2C、Co_6W_6C、Co,同时在 74°~80°处出现少量的 W 相杂峰。

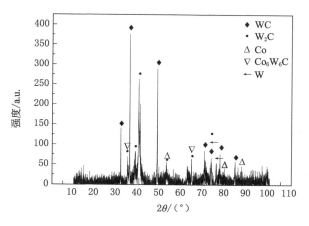

图 4-36　等离子喷涂 WC-12Co 涂层表面 XRD 衍射图谱

这说明在喷涂过程中 WC 发生了分解，对比衍射强度发现，相比 HVOF 喷涂工艺，等离子喷涂工艺失碳较多，这是由于等离子焰流温度过高（远高于超音速喷涂）所致。对比结果充分说明，在制备 WC-Co 涂层上 HVOF 喷涂工艺是首选，这也是行业内和研究者的共识。

图 4-37 所示为等离子喷涂 WC-12Co 涂层-NiCrAl 过渡层-基体线扫描分析结果。图 4-37（a）所示为涂层-过渡层线扫描分析处截面，由图 4-37（b）可见 WC-12Co 涂层中 W、Co 原子已渗透到过渡层中，同时过渡层中 Ni、Cr 原子也渗透到 WC-12Co 涂层中。这表明 WC-12Co 涂层与 NiCrAl 过渡层发生了微小区域原子扩散，形成了局部微冶金结合。图 4-37（c）所示为过渡层-基体线扫描分析处截面，由图 4-37（d）可见 NiCrAl 过渡层中 Ni 原子和基体中 Ti 原子也发生了一定的相互扩散，改善了两者的结合状态。结合图 4-34 分析结果，涂层-界面结合状态是以机械结合为主，伴有局部微冶金结合。

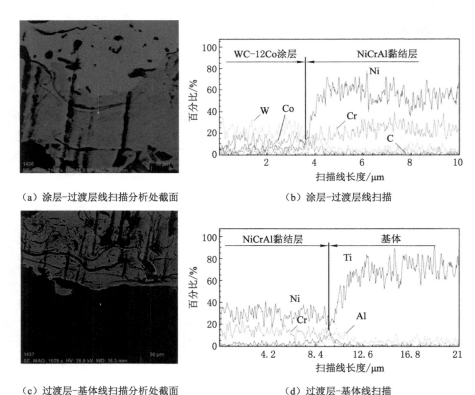

（a）涂层-过渡层线扫描分析处截面　　　　　（b）涂层-过渡层线扫描

（c）过渡层-基体线扫描分析处截面　　　　　（d）过渡层-基体线扫描

图 4-37　等离子喷涂 WC-12Co 涂层-NiCrAl 过渡层-基体线扫描分析

综上所述,采用等离子喷涂工艺在合适的工艺参数下可以制备出与基体呈现以机械结合为主的 WC-12Co 涂层,但从工艺本身角度考虑,与超音速火焰喷涂相比,其焰流速度较低、粒子撞击速度低、焰流温度过高,从而造成制备的涂层存在层状结构、粒子间内聚结合强度低、多孔隙和易失碳等缺点。在 WC 类陶瓷涂层制备领域将逐步被超音速火焰喷涂和超音速等离子喷涂工艺所取代[48]。

4.5　涂层显微硬度及纳米硬度分析

显微硬度是衡量涂层性能最重要的指标之一。其影响因素较多,如硬质相的构成、晶粒大小、形态分布、孔隙率及粒子间的结合强度等。图 4-38 所示为涂层显微硬度分布(以涂层 C-WC$_m$-1 和 C-WC$_{m/n}$-1 为例)。可以看出,沿着涂层自上而下,显微硬度由高到低,在界面处发生突变,基体最小,两种涂层规律基本一致。微米涂层显微硬度在 1 010.8～1 345 HV$_{0.3}$ 之间波动,均值为 1 203.16 HV$_{0.3}$;微纳米涂层在 1 018.1～1 426.7HV$_{0.3}$ 之间波动,均值为 1 239.93 HV$_{0.3}$,微纳米涂层高于微米涂层。图 4-39 所示为两种涂层平均显微硬度及孔隙率对比。可以看出,除了 9 号试样外,微纳米涂层的显微硬度都高于同工艺参数下的微米涂层。

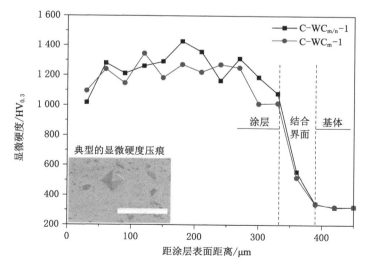

图 4-38　涂层显微硬度分布

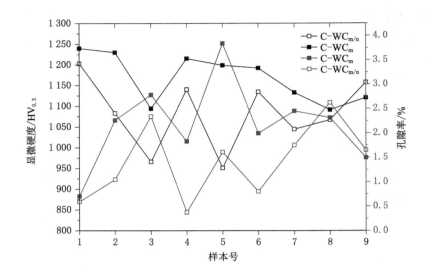

图 4-39　两种涂层平均显微硬度及孔隙率对比

分析认为：① 由于孔隙率较高时硬度压痕打在孔隙处的概率加大，而孔隙处能承载的压力相对较小，甚至孔隙周边被压溃，从而降低了涂层的平均硬度。② WC-12Co 涂层硬度的提高主要归因于硬质相在涂层中的弥散强化、细晶强化和固溶强化等。而晶粒细化是微纳米涂层显微硬度比微米涂层整体偏高的主因。这是由于涂层的显微硬度 H_v 近似符合多晶材料的 Hall-Petch（霍尔-佩奇）公式[131]：

$$H_v = \sigma_0 + k_0 d^{-\frac{1}{2}} \tag{4-7}$$

式中　σ_0、k_0——试验常数；

　　　d——晶粒尺寸。

可以看出，涂层的显微硬度随着晶粒尺寸的减小而增大。③ 晶粒边界对涂层性能影响较大，显微硬度是晶粒和晶粒边界的平均硬度，晶粒分布越均匀，显微硬度越高，且分散性越小。因此，晶粒显微结构在一定程度上决定了微纳米涂层显微硬度数值和分布[132]。工艺参数对显微硬度的影响参见前述孔隙率的分析过程。

热喷涂涂层存在孔隙，显微硬度值具有一定的分散性。仅靠上述离散点值或均值不足以描述涂层的总体性能。而韦布尔统计分析可以较好地解决这一问题[123,133]，韦布尔分布常用来描述材料缺陷，孔隙率导致的涂层显微硬度值概率累积密度分布函数可用下式描述：

$$F(H_v) = 1 - \exp\left[-\left(\frac{H_v}{\eta}\right)^m\right] \tag{4-8}$$

式中　m——形状参数，用来描述显微硬度值的分散性；

　　　　η——尺度参数，即韦布尔模数；

　　　　H_v——显微硬度值。

m 是衡量材料可靠性的重要参数，主要用来描述涂层力学性能的离散性[134]。其值越大说明显微硬度分散性越低，涂层性能越稳定；否则，越不稳定。具体过程：首先对各显微硬度值分别求 $\ln H_v$ 及 $\ln\ln(1/[1-F(H_v)])$ 坐标值，然后进行线性回归，从而得到韦布尔分布曲线，曲线斜率值即为形状参数 m。为进行韦布尔分布统计，沿涂层自上而下、多排随机采集 20 个点的显微硬度数值。当样本量小于 50 个时，第 i 个显微硬度测试值的 $F_i(H_v)$ 函数可以描述为：

$$F_i(H_v) = \frac{i - 0.5}{n} \tag{4-9}$$

式中　n——样本个数，$i = 1 \sim n$。

图 4-40 所示为涂层 C-WC$_m$-1 和 C-WC$_{m/n}$-1 显微硬度的韦布尔分布。可以看出，两种涂层显微硬度值都具有一定的分散性，这主要由孔隙、硬质相及黏结相 Co 等涂层微观结构决定。两者斜率相差不大，说明分散性差异不大。为检验形状参数 m 的拟合优度，引入了 R^2 统计检验。可以看出，两者分别为 0.926 3 和 0.970 2，涂层 C-WC$_{m/n}$-1 较高，这意味着该涂层显微硬度的分布特征明显优于涂层 WC$_m$-1，但两者相关系数均大于 92%，表现出了较好的拟合优度。

图 4-41 所示为涂层纳米压痕载荷-位移曲线。加载曲线与卸载曲线所包含的面积表征了塑性应变能，卸载曲线下的面积表示弹性变形能[135]。可以看出，两种涂层的载荷曲线明显不同，C-WC$_{m/n}$-1 涂层的弹性恢复达到 30% 左右，而 C-WC$_m$-1 涂层的弹性恢复约 25%。同样载荷作用下，C-WC$_{m/n}$-1 涂层的压痕深度明显小于 C-WC$_m$-1 涂层，因此其抗弹性变形能力要强。随机测量 3 点纳米硬度取平均值，C-WC$_{m/n}$-1 涂层为 14.18 GPa，弹性模量为 307.3 GPa；C-WC$_m$-1 涂层纳米硬度为 13.46 GPa，弹性模量为 292 GPa。可以看出，硬度和弹性模量方面微纳米涂层更具优势。

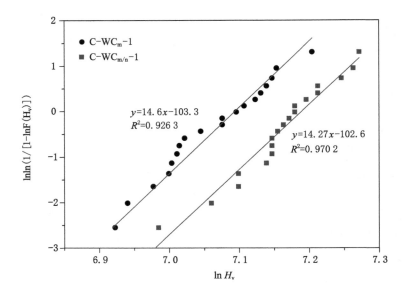

图 4-40　涂层显微硬度的韦布尔分布

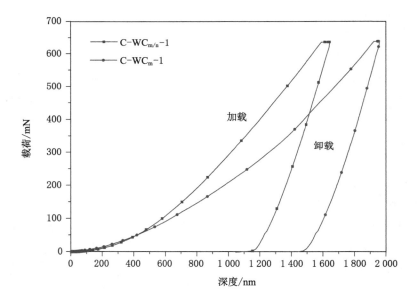

图 4-41　涂层纳米压痕载荷-位移曲线

4.6　基体及涂层摩擦学特性分析

不同载荷和接触应力下涂层磨损机制和失效形式不同。摩擦过程中涂层和基体所受接触应力可以通过赫兹应力公式计算[136]：

$$p_0 = 0.578\,4\sqrt[3]{p/(R\eta)^2} \tag{4-10}$$

$$\eta = (1-\nu_b^2)/E_b + (1-\nu_c^2)/E_c \tag{4-11}$$

式中　p_0——接触应力，MPa；

R——对磨球半径，mm；

p——对磨球顶点处载荷大小，N；

E_b、ν_b、E_c、ν_c——陶瓷球和涂层的弹性模量及泊松比；

η——弹性系数。

Si_3N_4 的弹性模量及泊松比[137]分别为 320 GPa 和 0.26；WC-12Co 的涂层弹性模量及泊松比见文献[91]，根据上述公式即可求出不同载荷和配副下的接触应力值。

在载荷 150 N、对磨球直径 5 mm 的工况下，对涂层的接触应力为 6.94 GPa，对基体的接触应力为 4.32 GPa。

4.6.1　基体摩擦因数及磨损量分析

摩擦因数是表征材料摩擦学性能的重要指标之一。在不同速度和接触压力下，干摩擦表面存在不同的接触状态、界面温度等，因此摩擦因数在不同阶段存在不同的表现行为。多数学者习惯采用一段时间或距离内的平均摩擦因数作为摩擦行为的表征参量。

图 4-42 所示为 Ti6Al4V 基体摩擦因数曲线(150 N)。可以看出，在 150 N 的正压力下基体经过约 100 s 短暂的跑合后进入较为稳定的摩擦阶段，但波动较大，摩擦因数介于 0.218～0.54 之间，平均摩擦因数 0.33。原因如下：① 由于基体硬度相对较小(350 $HV_{0.3}$ 以下)且容易发生黏着，摩擦阻力增加，从而造成摩擦因数不稳定；② Si_3N_4 陶瓷球硬度极高(2 200 HV 以上)，在摩擦过程中会切削出较多犁沟，摩擦表面变得粗糙，加剧了摩擦因数的波动。

图 4-43 所示为 Ti6Al4V 基体磨痕形貌(150 N)。可以看出，在接触应力作用下基体被磨损成较为规则的圆环槽，磨损表面高低起伏，磨痕边缘由于基体的强烈塑性变形而飞溅出较多的毛刺。磨痕的三维激光共聚焦形貌如图 4-44 所示，磨损后基体磨痕犁沟较深，$Ra = 71.9\ \mu m$，这进一步解释了摩擦因数波动

剧烈的原因。

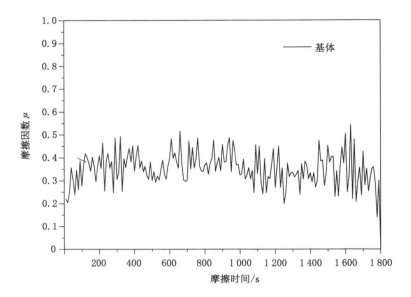

图 4-42　Ti6Al4V 基体摩擦因数曲线(150 N)

图 4-43　Ti6Al4V 基体磨痕形貌(150 N)

　　图 4-45 所示为 Ti6Al4V 基体摩擦因数曲线(15 N)。此时接触应力为 2.56 GPa,摩擦因数在 0.256~0.801 之间发生剧烈波动,均值为 0.40[130]。在前期研究中[138],笔者已经深入分析了载荷对基体摩擦因数的影响。总体来

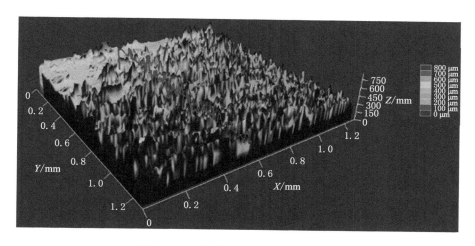

图 4-44　基体磨痕三维形貌及粗糙度

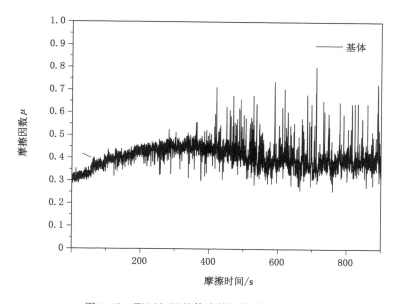

图 4-45　Ti6Al4V 基体摩擦因数曲线(15 N)

讲,摩擦因数随着载荷的增加而减小,这一现象可以通过下式解释[139]:

$$\mu = \frac{\tau S}{F} \qquad (4\text{-}12)$$

式中　μ——摩擦因数;

    τ——剪切应力，MPa；

    S——接触面积，m^2；

    F——载荷，N。

此外，前期试验中还详细分析了摩擦副（Si_3N_4陶瓷球和 GCr15 钢球）和转速（低、中、高）对摩擦因数的影响。结果表明，无论载荷大小，摩擦副的硬度越高，与基体的硬度差越大，其摩擦因数越小，而无论何种配副转速对摩擦因数的影响都较小。

图 4-46 所示为 Ti6Al4V 基体磨痕形貌（15 N）。此时摩擦半径为 3 mm，可以看出相对于 150 N 载荷，15 N 载荷下由于微切削产生的犁沟非常浅。通过对比不同载荷下基体的磨损量发现，基体磨损量随着载荷的增加而增大[140]。在 150 N 载荷下基体的磨损量高达 54.1 mg。因此，后续涂层摩擦因数及磨损量分析都是基于 150 N 载荷工况。

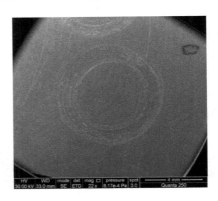

图 4-46   Ti6Al4V 基体磨痕形貌（15 N）

4.6.2   涂层摩擦因数及磨损量分析

（1）摩擦因数分析

图 4-47 所示为微米 WC-12Co 涂层摩擦因数曲线。可以看出，所有涂层基本上在 300 s 后进入稳定阶段，比基体用时更长，主要由于涂层表面粗糙度远高于基体，磨合较长，整体上涂层摩擦因数的稳定性好于基体。4 号试样平均摩擦因数最小（0.34），2 号试样最大（0.64）。由于磨合前涂层表面粗糙度不同，所以摩擦因数差异较大且不稳定。这是由于摩擦开始阶段涂层表面的微凸体率先参与磨损，容易在正压力和接触应力作用下发生疲劳断裂和切削，剪应力较大，因此初期磨损较为严重且摩擦因数也大。当微凸体被磨平，陶瓷

球与涂层表面的接触面积加大,开始进入稳定的摩擦阶段,此时摩擦因数无论大小都较为稳定。

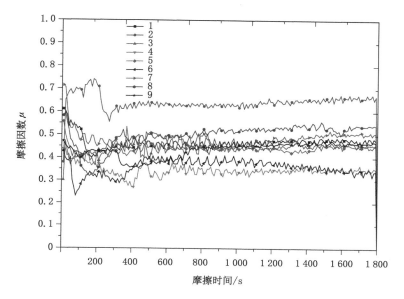

图 4-47　微米 WC-12Co 涂层摩擦因数曲线

　　图 4-48 所示为微纳米 WC-12Co 涂层摩擦因数曲线。可以看出,所有涂层基本上也在 300 s 后基本稳定,涂层摩擦因数的稳定性也远好于基体。1 号试样平均摩擦因数最小,其值为 0.20;8 号试样最大,其值为 0.49。对比两种涂层平均摩擦因数发现,微纳米涂层的摩擦因数都略低于微米涂层,如图 4-49 所示。分析认为:① 微纳米涂层拥有较高的硬度,摩擦过程中磨粒压入涂层的深度较浅,磨损宽度较窄(图 4-50),摩擦副之间接触面积小,陶瓷球相对阻力较小,摩擦因数相对较低,见式(4-12)。② 由于微纳米 WC-12Co 涂层中含有大量的纳米晶,增强了涂层塑性和韧性,在正压力挤压下很容易形成较为光滑的摩擦膜[141],磨痕表面粗糙度降低(图 4-51),摩擦阻力变小,进一步降低了涂层的摩擦因数。

　　(2)磨损量分析

　　磨损量是评定涂层耐磨性最直接的表征量。耐磨性取决于涂层微观结构和硬度的配合,由摩擦系统中诸多因素共同决定,如载荷、速度、温度、介质等。磨损条件改变,耐磨性随之发生改变。如孔隙率不宜过高,否则在干摩擦条件

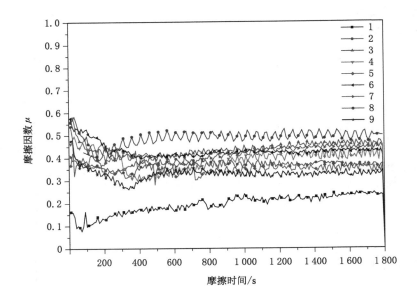

图 4-48　微纳米 WC-12Co 涂层摩擦因数曲线

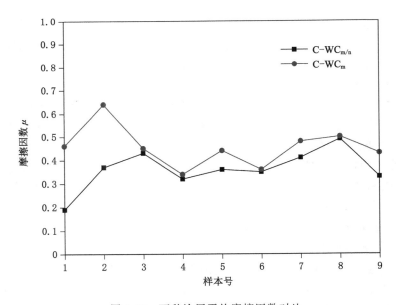

图 4-49　两种涂层平均摩擦因数对比

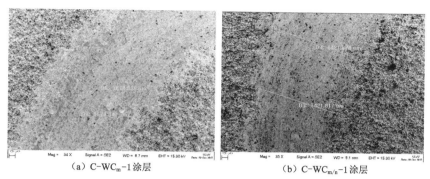

（a）C-WC$_m$-1涂层 （b）C-WC$_{m/n}$-1涂层

图 4-50 两种涂层磨痕宽度

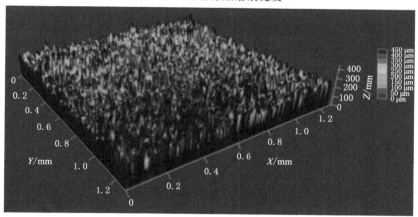

（a）微米涂层

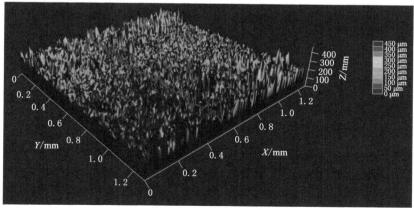

（b）微纳米涂层

图 4-51 涂层磨痕三维形貌及粗糙度

下,涂层耐磨性能较差;但在油润滑场合,孔隙能起到储油作用,反而使涂层耐磨性提高。因此,在讨论涂层耐磨性时一般在某种具体条件下,本书主要讨论干摩擦条件下的耐磨性。

图 4-52 所示为两种涂层磨损量与显微硬度对比。可以看出,不同工艺参数下涂层磨损量不同,主要由涂层微观组织和显微硬度决定。微米涂层中磨损量最大的为 5 号试样(32.2 mg),磨损量最小的为 1 号试样(10.9 mg)。微纳米涂层中磨损量最大的为 8 号试样(15.4 mg),磨损量最小的为 1 号试样(6.8 mg)。整体来看,微纳米涂层的磨损量均小于微米涂层。对比显微硬度曲线发现,除 9 号试样外,所有涂层的显微硬度与磨损量呈负相关关系,这与较多文献的研究结果一致[142]。微纳米涂层 9 号试样显微硬度略低于微米涂层,其磨损量也低于微米涂层。

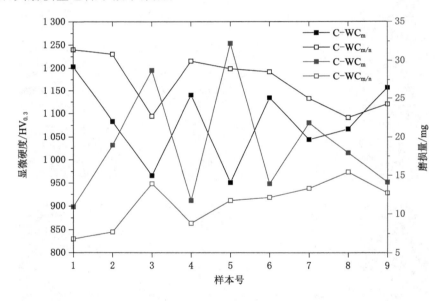

图 4-52　两种涂层磨损量与显微硬度

分析认为:

① 微纳米涂层由于细晶强化和弥散强化等效应使得显微硬度高于微米涂层,而涂层的高硬度使得陶瓷球难以对其进行切削,因而磨损量较小。而且微纳米涂层中含有大量的纳米 WC 颗粒,晶粒平均尺寸小于微米涂层,因此耐磨性能要高于微米涂层,这一结论可用下述公式解释[143-144]:

$$R_w = kG^{\frac{1}{2}} K_{IC}^{-\frac{1}{2}} H_v^{-\frac{5}{8}} \left(\frac{N}{H}\right)^{\frac{4}{5}} \qquad (4\text{-}13)$$

式中　k——常数；

　　　G——晶粒平均尺寸；

　　　K_{IC}——涂层断裂韧性；

　　　H_v——涂层显微硬度。

式(4-13)特别适合描述陶瓷材料的磨损率与材料特性之间的关系。可以看出,涂层的耐磨性能与涂层中晶粒尺寸呈正相关关系,与涂层显微硬度呈负相关关系。即:晶粒尺寸越小,涂层磨损率(R_w)越小;显微硬度越高,涂层磨损率越小。

② 主要是因为微纳米结构涂层中纳米及亚微米尺度的 WC 颗粒与 Co 黏结相结合紧密,增强了对 WC 颗粒的束缚,摩擦过程中不易脱落。均匀分布的 WC 颗粒拥有大量的细晶粒边界,在缓冲应力的同时增强了涂层的韧性[145],进一步提高了涂层耐磨性。对比发现,即使两种涂层拥有几乎相同的显微硬度(如微米 6 号试样和微纳米 7 号试样),但其磨损量也不相同,主要由于纳米 WC 粒子的添加使得涂层韧性增加[125],在被磨粒犁削时 WC 颗粒不容易被"剥离",而脆性较大的微米涂层更容易产生剥落,因此磨损量加大。

图 4-53 所示为最优涂层与基体磨损量对比。可以看出,两种涂层在现有工艺参数下最小的磨损量分别为 10.9 mg 和 6.8 mg,分别为基体的 0.2 倍(1/5)和 0.13 倍(约 1/8),微米涂层磨损量是微纳米涂层的 1.6 倍。两种涂层都表现出了极为优异的耐磨性,其中微纳米涂层更具优势。

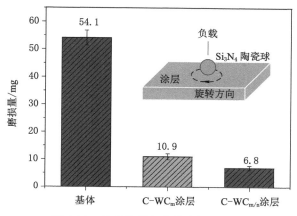

图 4-53　最优涂层与基体磨损量对比

4.6.3　磨损机制分析

通过前述摩擦过程中的动态特征及摩擦后磨损表面的微观结构和组织等静态特征的综合分析可以探求基体及涂层的磨损机制。

（1）基体磨损机制分析

图 4-54 所示为 Ti6Al4V 基体磨痕 SEM 形貌。

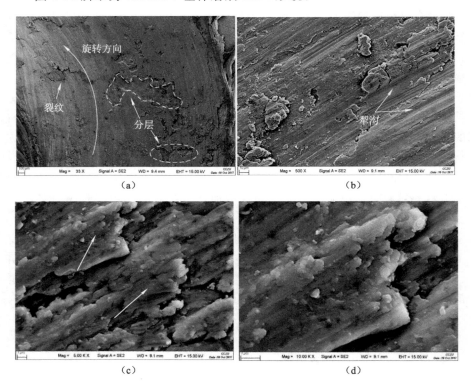

图 4-54　Ti6Al4V 基体磨痕不同倍数 SEM 形貌

由图 4-54(a)可以看出，沿着摩擦旋转方向，基体产生了较深的犁沟，磨痕呈凹槽状，宽度约 3.5 mm。可见不同形状的分层剥落和微裂纹，微裂纹会在法向接触应力和摩擦剪应力作用下逐步扩展，从而导致新的剥落层，加剧磨损。磨痕边缘可见在挤压下金属发生了强烈的塑性变形，向外隆起并形成较多的毛刺结构。从图 4-54(b)中可以看出，微切削产生深浅不一的犁沟，犁沟底部在正压力挤压下较为光滑。层状和鳞片状剥落清晰可见。此外，切削产生的颗粒状切屑随机分散在犁沟中,滞留在磨损表面,在下一摩擦循环中继续参与磨损。从图 4-54(c)和(d)中可以看出,磨损过程中产生了亚微米甚至纳米级尺度的颗粒,这是由于在循环接触应力作用下晶粒经过多次挤压破碎形成了异常细小的组织,而在这些细小组织的形成过程中所产生的变形量要远远大于常规固体产生的塑性变形量,因此发生了流变现象,并且金属流变方向与摩擦方向保持一致。此外,部分材料还发生了位错变形,具有准解理断裂特征。从上述分析可以看出,以剥层磨损和微观切削为主的磨粒磨损机制是Ti6Al4V 基体磨损机制之一。

图 4-55 所示为 Ti6Al4V 基体磨痕面能谱元素分布。可以看出,磨损前后基体元素成分相差不大,但出现了 Si 元素,可能来源于对偶件 Si_3N_4 陶瓷球,在摩擦过程中有少量的 Si 元素转移到基体上。为验证基体在摩擦过程中是否发生了黏着磨损,需要对对偶件 Si_3N_4 陶瓷球进行磨损形貌和能谱分析。Ti、N 元素在磨痕区域分布较为集中,其他元素在磨痕内外的分布没有明显差异,但 O 元素含量明显高于基体原成分(表 4-7)。

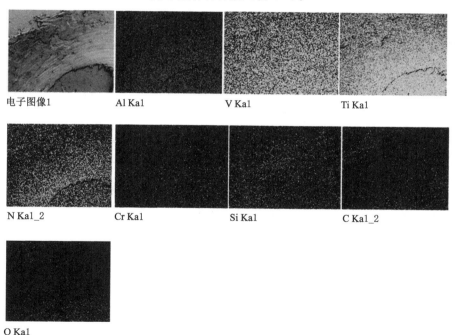

电子图像1　　Al Ka1　　V Ka1　　Ti Ka1

N Ka1_2　　Cr Ka1　　Si Ka1　　C Ka1_2

O Ka1

图 4-55　Ti6Al4V 基体磨痕面能谱元素分布

表 4-7　Ti6Al4V 基体磨痕面能谱元素含量

元素	元素浓度	重量百分比/%	原子百分比/%
C	2.33	10.37	23.32
N	0.10	0.19	0.22
O	2.78	21.30	35.96
Al	2.68	4.22	4.23
Si	0.58	0.82	0.79
Ti	42.90	59.83	33.74
V	1.94	2.73	1.45
Cr	0.12	0.13	0.09
Fe	0.27	0.39	0.19
总量		100.00	

图 4-56 所示为 Si_3N_4 陶瓷球磨损形貌及点能谱分析。由图 4-56(a)可以看出,陶瓷球明显分成两个区域:光滑的非接触区域和粗糙的接触区域。

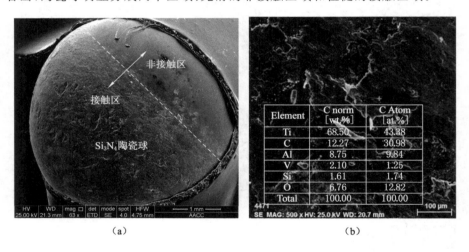

（a）　　　　　　　　　　　　（b）

图 4-56　Si_3N_4 陶瓷球磨损形貌及点能谱分析

由图 4-56(b)可以看出,接触区域出现了较多的黏结层和剥落层,陶瓷球硬度远高于基体,不可能被基体切削,因此这些黏结层可能来自基体。能谱分析结果显示,这些区域的元素几乎都是基体元素,充分说明基体与陶瓷球之间发生了质的转移,两者之间元素相互扩散形成了转移膜,这也是材料干摩擦过程中一个重要特点,意味着基体发生了黏着磨损,这是 Ti6Al4V 基体磨损机制之二。此外,从面能谱的 O 元素分布及含量和点能谱的 O 含量来看,摩擦过程中还可能产生了氧化磨损。分析认为 Si_3N_4 陶瓷球的热传导系数[17.16 W/(m·K)]大于基体,摩擦过程中产生大量的摩擦热,而陶瓷球导热条件优于基体,因此基体摩擦面上热量急剧增加,特别是闪点温度的急剧升高为氧化磨损创造了条件。

综合分析,认为 Ti6Al4V 钛合金的磨损机制是以磨粒磨损、黏着磨损为主导,氧化磨损为辅助的综合磨损机制。基体磨损机制模型可用图 4-57 来描述。发生磨粒磨损时基体表面在磨粒作用下形成较深的犁沟,同时产生一定量的磨屑,这些磨屑大部分滞留在犁沟中参与后续磨损。在正压力、循环接触应力及摩擦热应力共同作用下金属发生塑性变形,向犁沟两侧边缘隆起,如图 4-57(a)所示。摩擦时,陶瓷球与基体表面微凸起率先接触,此时接触应力很大,接触面积很小,微凸起将产生塑性变形并出现黏着,两者之间相对运动时,黏着点将发生剪切断裂,并将材料从较软的基体上转移到较硬的陶瓷球上,在下一个循环周期,在摩擦力作用下转移材料从陶瓷球上脱落形成磨屑参与磨损,如图 4-57(b)所示。

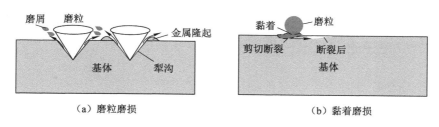

（a）磨粒磨损　　　　　　　　　　（b）黏着磨损

图 4-57　基体磨损机制模型示意图

（2）涂层磨损机制分析

图 4-58 所示为微米 WC-12Co 涂层磨痕不同倍数 SEM 形貌(以 $C-WC_m-1$ 为例)。可以看出,沿着摩擦方向磨痕为规则的圆环状,相对于未磨损区域磨痕表面较为光滑,宽度约 1.65 mm,如图 4-58(a)所示。

如图 4-58(b)所示,高倍下磨痕表面可见明显的由微切削造成的划擦痕迹和细密浅小的沟槽,但看不到任何明显的塑性变形和流动特征,这和基体磨痕有着明显的区别。观察发现存在大小不一的局部脆性剥落层,剥落坑内存在一定量的磨粒碎屑,边缘可见少量细小的疲劳裂纹。图 4-58(c)中 A 区可见涂层由于挤压所形成的褶皱,主要由于此处微凸体较高,在磨损过程中首先

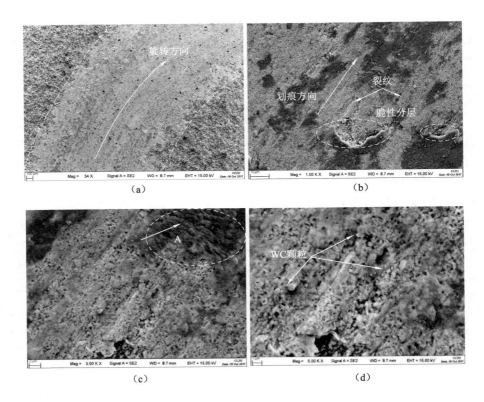

图 4-58 微米 WC-12Co 涂层磨痕不同倍数 SEM 形貌

承担抵御陶瓷球的磨损，在循环接触应力作用下反复碾压从而形成褶皱。由图 4-58(d)可以看出，磨痕区域存在较多的 WC 颗粒暴露在黏结相外，主要由于在黏结相 Co 硬度较低（170 HV）在磨损过程中被磨粒切削，而 WC 颗粒慢慢失去黏结相的包裹和束缚，结合力骤减，当摩擦力大于结合力时 WC 颗粒将会脱落。

综上所述，WC-12Co 涂层中存在大量的 WC 及少量的 W_2C 硬质相颗粒，不易被犁削。但在循环接触应力剪切作用下容易形成应力集中，在结合力较弱处容易诱发裂纹[146]。在后续摩擦过程中裂纹一旦失稳扩展会发生疲劳而产生脆性相剥落，从而再次转化为磨粒磨损。因此，微切削和剥层磨损为主导的磨粒磨损是微米 WC-12Co 涂层的主要磨损机制。

图 4-59 所示为微米 WC-12Co 涂层磨痕面能谱元素分布（以 C-WC$_m$-1 为

例）。可以看出，除了涂层中含有的 W、C、Co 等元素外，基体中的 Ti、N 等元素也通过扩散出现在磨痕区域。

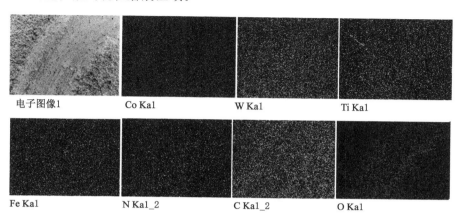

图 4-59　微米 WC-12Co 涂层磨痕面能谱元素分布

对比 C 元素的重量百分比发现，相对于原始粉末有所增加，根据前述分析也可能是基体中 C 元素扩散所致。磨损区域只有 O 元素富集较为明显，其他元素分布没有显著差异，特别是黏结相 Co 元素并没有富集，因此整个在摩擦磨损过程中抵抗磨损能力较为均匀。相比基体磨痕中的 O 元素而言，涂层磨痕中的 O 元素含量稍高（表 4-8）。磨痕区域中未检测到 Si 元素的存在，因此陶瓷球并没有和涂层产生元素转移，观察陶瓷球除有较深的犁沟外，没有发现黏着磨损的痕迹。

表 4-8　微米 WC-12Co 涂层磨痕面能谱元素含量

元素	元素浓度	重量百分比/%	原子百分比/%
C	8.07	26.50	55.77
N	0.15	0.14	0.16
O	10.86	21.97	34.70
Ti	0.13	0.13	0.07
Fe	0.23	0.21	0.09
Co	8.00	7.32	3.20
W	38.83	43.73	6.17
总量		100.00	

图 4-60 所示为微纳米 WC-12Co 涂层磨痕形貌（以 C-WC$_{m/n}$-1 为例）。可以看出,沿着摩擦方向,涂层表面形成较为规则的圆环状磨痕,宽度约 1.4 mm,比微米涂层略小,表面较为平滑,如图 4-60(a)所示。如图 4-60(b)所示,磨痕表面只看到深浅不一的划擦痕迹,没有看到微米涂层中明显的剥落层。在倍数较高(×3 000)的图 4-60(c)中也看不到微裂纹,只看到微凸体磨平痕迹。观察发现,在微凸体被磨平的区域 A、B、C 处形成了光滑的摩擦膜,且纳米尺度的 WC 颗粒清晰可见,分布均匀,如图 4-60(d)所示。

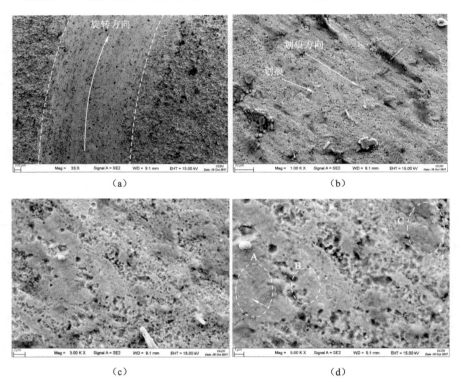

（a）　　　　　　　　　　（b）

（c）　　　　　　　　　　（d）

图 4-60　微纳米 WC-12Co 涂层磨痕不同倍数 SEM 形貌

分析认为:① 纳米尺度的 WC 颗粒具有较高的强度和硬度,而陶瓷球压入涂层表层深度较浅,而分布均匀的 WC 颗粒和形成的摩擦膜起到润滑效果,摩擦阻力较小,因此微纳米涂层具有较低的摩擦因数和磨损量。② 纳米晶组织有效阻止了微裂纹的萌生和扩展通道,防止了微米尺度 WC 颗粒因疲劳而导致的剥层磨损。③ 硬质相的晶粒尺寸、分布和形态决定了涂层的硬度,而在一定程度上影响着涂层的抗磨性能。

　　综合上述分析,在微纳米涂层摩擦过程中,以微切削为主的轻微磨粒磨损是其主导磨损机制。

　　图 4-61 所示为微纳米 WC-12Co 涂层磨痕面能谱元素分布(以 $C-WC_{m/n}-1$ 为例)。可以看出,与微米涂层相比,O 元素在磨痕中也没有特别富集,其他元素分布基本均匀,而且 O 元素的含量(表 4-9)较之微米涂层还要更少,这意味着在摩擦磨损过程中微纳米涂层氧化的可能性更小。而 C 元素含量比微米涂层中要高,硬度更高。

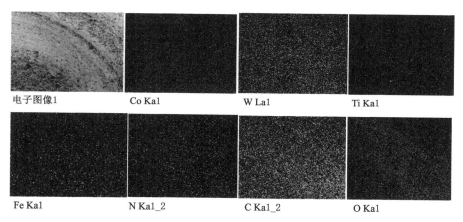

电子图像1　　　　Co Ka1　　　　W La1　　　　Ti Ka1

Fe Ka1　　　N Ka1_2　　　C Ka1_2　　　O Ka1

图 4-61　微纳米 WC-12Co 涂层磨痕面能谱元素分布

表 4-9　微纳米 WC-12Co 涂层磨痕面能谱元素含量

元素	元素浓度	重量百分比/%	原子百分比/%
C	9.29	31.51	63.99
N	0.14	0.14	0.15
O	7.72	17.59	26.81
Ti	0.23	0.24	0.12
Fe	0.25	0.24	0.10
Co	7.68	7.47	3.14
W	35.91	42.82	5.68
总量		100.00	

综上所述,两种 WC-12Co 涂层主要由粒径不同的硬质相 WC 颗粒和黏结相 Co 组成。当磨粒磨削涂层时,硬度较低的黏结相 Co 首先被切削,此时 WC 颗粒充当骨架角色来抵御磨粒对 Co 相的磨削,但当 Co 相被磨损、WC 颗粒暴露时,失去 Co 相的包裹和束缚,结合力急剧下降,最终在磨料作用下 WC 颗粒剥落。WC 颗粒的尺寸及分布形态决定了涂层的耐磨性能,如图 4-62 所示。WC 粒度及体积占比决定了涂层的耐磨性能,当 WC 粒度及体积占比都较小时,黏结相 Co 被大量切削,磨损较为严重,如图 4-62(a)所示;粒度及体积占比都较大时涂层太硬,摩擦阻力大,反而更容易产生应力集中,硬质颗粒被"剥离",如图 4-62(b)所示;当粒度及体积占比都适中时耐磨性能最好,如图 4-62(c)所示;而 WC 颗粒粒度虽大,但体积占比较小时,同样是较多的黏结相 Co 被犁削,如图 4-62(d)所示。

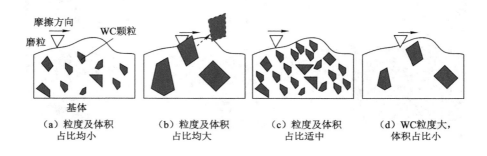

图 4-62　WC 粒度及体积占比对涂层磨损行为的影响

两种涂层微观结构的差异导致磨损机制不尽相同。微米涂层孔隙率较高,在循环接触应力作用下更容易沿着孔隙尖端处产生疲劳微裂纹,失稳扩展后将产生脆性断裂和层状剥落[147],因此磨损量更大。而微纳米涂层中由于含有纳米颗粒,熔化更为充分,颗粒间的湿润性更好。同时随着 WC 颗粒平均尺寸的减小,产生大量细晶粒边界,颗粒间结合强度及涂层韧性显著提高,有效阻止了疲劳裂纹的产生和扩展[148],其磨损量更小,耐磨性能更好。这和张云乾等[132]、Zha 等[149]、丁彰雄等[150]、Fan 等[151]的研究结果完全一致。

综上所述,采用涂层技术显著提升了基体表面的耐磨性。可以预见,如果进一步优化工艺参数来控制 WC 氧化分解和失碳,微纳米 WC-12Co 涂层的性能必将进一步提高。

4.7　涂层残余应力分析

残余应力的产生关系着涂层变形、开裂甚至脱落。拉应力是造成微裂纹失稳扩展的主要原因,压应力可有效闭合裂纹、提高涂层硬度及耐磨性。WC-12Co 涂层表面残余应力分布(C-WC$_m$-1 和 C-WC$_{m/n}$-1)数据见表 4-10。可以看出,涂层表面残余应力分布并不均匀,具有一定的离散性,涂层 C-WC$_m$-1 表面残余应力最小为 -20.9 MPa,最大为 -88.6 MPa;而涂层 C-WC$_{m/n}$-1 表面残余应力最小为 -51.8 MPa,最大为 -145.1 MPa,均值分别为 -50.82 MPa和 -100.46 MPa。但两种 HVOF 涂层都呈现出压应力,微纳米涂层的幅值几乎是微米涂层的 2 倍。较大残余压应力水平可以有效提高涂层耐磨性能,这一点也与 4.6.2 小节中涂层耐磨性分析保持一致。

表 4-10　WC-12Co 涂层表面残余应力分布

测试点及应力值	1	2	3	4	5	均值
C-WC$_m$-1/MPa	-20.9	-34.4	-88.6	-69.1	-41.1	-50.82
C-WC$_{m/n}$-1/MPa	-113.8	-103.2	-88.4	-145.1	-51.8	-100.46

涂层中出现残余压应力与 Iordanova 等[152]的研究结果较为一致。一般而言,热喷涂特别是等离子喷涂工艺中,涂层残余应力大都为拉应力,但是对于某些材料如 WC-Co,通常出现压应力。参考 3.5.1 小节涂层残余应力的来源及分析,将涂层及基体热力学参数分别代入相应公式即可求出各种残余应力值,$\sigma_q > 0$,$\sigma_{ht} < 0$,$\sigma_p < 0$,根据式(3-31)总残余应力 $\sigma = \sigma_q + \sigma_{ht} + \sigma_p$ 可以看出涂层中如果存在压应力,则以热应力和喷丸应力的贡献为主。根据文献[153]试验研究结果,WC 含量越高,淬火应力越小,涂层中热应力和喷丸应力越高。进一步从材料因素和工艺因素明确了涂层中残余压应力的来源,尤其是超音速火焰喷涂工艺中喷丸应力的产生不仅仅改变了应力的幅值水平,而且也改变了残余应力的性质[154]。这也是其他低速热喷涂工艺中不可比拟的,因此低温高速喷涂必将是未来热喷涂领域发展的重要方向。还有学者认为,由于涂层中含有较多的 WC 颗粒,因此研究热喷涂 WC-12Co 涂层的残余应力时可采用 WC 相的应力来替代涂层的残余应力[155-156]。但叶义海[157]认为,W$_2$C 等相的含量虽少,依然需要考虑影响,并通过试验获取了 WC-Co 普通涂层和纳米涂层中各项的残余应力,见表 4-11。并得出如下结论:① 涂层

中 WC 和 W_2C 相均产生了压应力且 W_2C 相压应力水平高于 WC 相;② 纳米涂层中 WC 相的压应力幅值高于微米涂层。这一试验结果与本书试验结果较为吻合。不同涂层中压应力幅值不同,即使同一种涂层,工艺参数不同压应力幅值也不相同,这是由不同工艺参数导致的涂层表面微观结构的差异性决定的。一般来讲,X 射线测残余应力时对于涂层的穿透深度约为 $20~\mu m$,涂层表面的形态对其影响很大,表面平整,应力释放较小,残余应力相对较大。

表 4-11　涂层中 WC 和 W_2C 相应力[157]

残余应力/MPa	WC	W_2C
普通 WC-Co 涂层	-203.37 ± 12.09	-652.09 ± 42.56
纳米 WC-Co 涂层	-224.26 ± 4.39	-586.89 ± 34.43

图 4-63 所示为微纳米涂层 C-WC$_{m/n}$-1～C-WC$_{m/n}$-3 试样残余应力分布。可以看出,应力状态均为压应力,但幅值不同。涂层 C-WC$_{m/n}$-1 压应力幅值最高,涂层 C-WC$_{m/n}$-2 幅值最低。对比三者工艺参数发现,煤油流量相同,但氧气流量 C-WC$_{m/n}$-2 最大,C-WC$_{m/n}$-3 最小。氧气流量小,煤油不能得到充分燃烧,焰流速度和温度较低,粒子熔化程度较差、撞击速度低;氧气流量越大,煤油燃烧越充分,产生的焰流温度和速度越高,粒子速度越高。但氧气流量过大,反而造成燃烧室压力下降,温度、速度下降,因此合适的工艺参数配比对涂层残余应力至关重要。根据王志平等[56]试验研究结果,超音速火焰喷涂 WC-12Co 涂层中产生残余压应力的根本原因并不是热应力引起的,而主要是由未熔化的 WC 颗粒的撞击引起的压缩变形造成。WC 颗粒速度越高,残余压应力越大,这也与本试验结果较为吻合。为证实这一结论,王志平等[56]分别采用了常规火焰、等离子喷涂等工艺进行验证,发现无论采用哪种工艺,WC-Co 系列涂层的残余应力均为压应力。

为进一步验证该结论,本书采用等离子喷涂工艺在同样的基体上制备了微米尺度 WC-12Co 涂层。该试验在 Sulzer Metco 7MC 型等离子喷涂系统上进行。以 Sulzer Metco 公司生产的 443NS NiCrAl 粉末作为过渡层,粒度为 $44\sim120~\mu m$,具体工艺流程和工艺参数见文献[130],制备涂层 P1。改变工艺参数:电流 520 A、电压 90 V、喷涂距离 90 mm、送粉速率 100 g/min,制备涂层 P2。涂层制备完毕后测试涂层残余应力,见表 4-12。在两个涂层表面分别随机测试 7 个点,残余应力均为压应力,均值分别为 -66.14 MPa 和 -51.57 MPa。

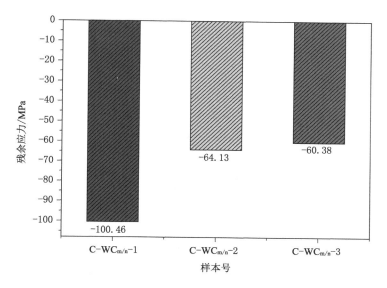

图 4-63　不同涂层残余应力幅值

表 4-12　等离子喷涂 WC-12Co 涂层残余应力分布

测试点及应力值	1	2	3	4	5	6	7	均值
涂层 P1/MPa	−87	−69	−46	−44	−51	−76	−90	−66.14
涂层 P2/MPa	−63	−54	−63	−71	−66	−20	−24	−51.57

至此,可以认为:WC-12Co 涂层中压应力的产生与工艺无关,与材料体系密切相关,主要由未熔化 WC 颗粒的撞击而产生的喷丸应力贡献。涂层中残余应力幅值与工艺参数紧密相关。

4.8　涂层表面原子显微镜分析

图 4-64 为 C-WC$_{m/n}$-1 涂层表面二维、三维及截面轮廓 AFM 图。涂层表面处理按金相试样制备流程进行。由图 4-64(a)可以看出,涂层表面较为平整、光滑。经测量,涂层均方根粗糙度为 8.79 nm,算术平均高度为 6.12 nm。图 4-64(b)呈现了涂层的微观三维形貌,可看出尺度大小不一的 WC 颗粒高低起伏分布在涂层表面,含有少量孔隙。结合图 4-64(a)和(c)可以看出,涂层表面的孔隙水平方向呈圆形,竖直方向呈锥形。经测量,孔隙直径为 941.64

nm，深度为 77.41 nm。线 B 处［图 4-64（d）］为 WC 颗粒比较细小的位置，$Ra=2.31$ nm，可以看出轮廓较高处均是由细小的 WC 颗粒引起的，较低处为黏结相 Co。线 C 处［图 4-64（e）］$Ra=7.92$ nm，此处有较大的 WC 颗粒，两侧相邻为细小的 WC 颗粒。可以看出，正是由于大颗粒 WC 存在引起了表面粗糙度增加。这是由于在用砂纸磨削和抛光过程中，较软的黏结相 Co 被磨掉，但 WC 颗粒依然坚挺，起到抗磨骨架作用。这充分说明了 WC 颗粒在摩擦过程中确实承担着抵御外界载荷的角色，这也与前述涂层的磨损机制分析相一致。同时，还看出即使在单个 WC 颗粒表面上轮廓也是高低不平的，这种粗糙的表面结构非常有利于硬质相 WC 与黏结相 Co 牢固结合，此外也说明 WC 颗粒尺度越小，涂层表面越光滑。

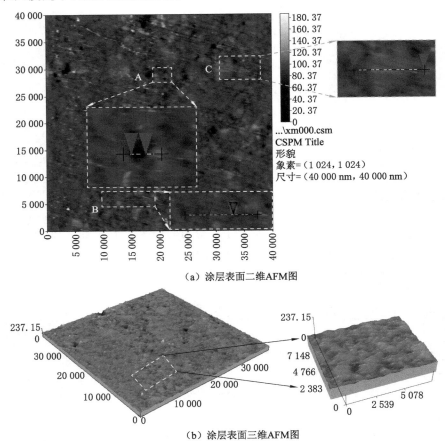

（a）涂层表面二维AFM图

（b）涂层表面三维AFM图

图 4-64　C-WC$_{m/n}$-1 涂层表面二维、三维及截面轮廓 AFM 图（单位：nm）

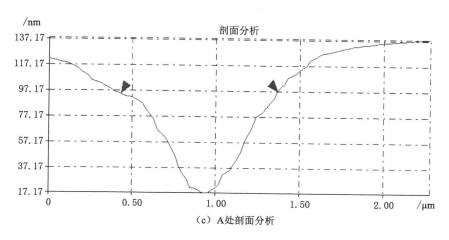

（c）A 处剖面分析

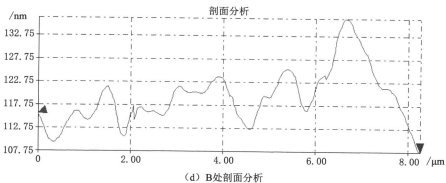

（d）B 处剖面分析

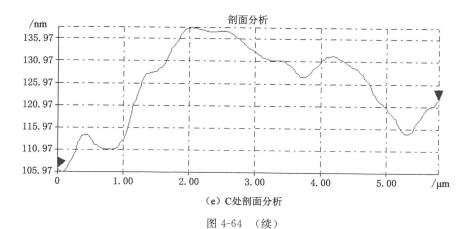

（e）C 处剖面分析

图 4-64　（续）

图 4-65 为 C-WC$_m$-1 涂层表面三维 AFM 图。由于涂层都经过抛光,所以表面粗糙度变化不大,区别在于涂层中孔隙较多。轮廓分析基本和微纳米涂层保持一致,在此不做过多重复赘述。

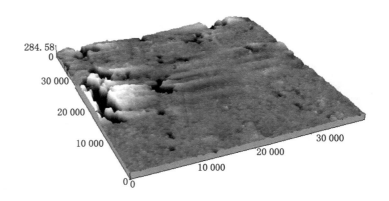

图 4-65　C-WC$_m$-1 涂层表面三维 AFM 图(单位:nm)

4.9　本章小结

① 两种 WC-12Co 粉末均呈现良好的球形,表面疏松多孔。SEM 和 TEM 测试表明:微米结构粉末以微米、亚微米尺度为主;微纳米粉末以亚微米、纳米尺度为主,表现出明显的结构差异性。微纳米粉末集中度和流动性优于微米粉末,比表面积约为微米粉末的 2 倍。XRD 结果显示,两种粉末衍射峰只含有 WC 和 Co 两种相,微米粉末中 WC 衍射强度高于微纳米粉末。

② 微纳米涂层较为平整,粗糙度值较小,这是由粉末的结构差异性决定的。涂层表面 SEM 测试表明,两种涂层熔化程度都较好,微纳米涂层孔隙率更小。XRD 结果表明,两种涂层脱碳都很少,WC 依然是主相。材料因素和工艺因素对涂层中 WC 的失碳影响极大。

③ 整体而言,微纳米涂层具有更小的孔隙率和更高的显微硬度。微米涂层更容易出现沿 Co 相和 WC 颗粒边界扩展的裂纹。基体中的 Ti、V、Al 等元素与涂层中的 Co、W 等元素沿结合界面交互扩散。微纳米涂层表面 O 含量高于微米涂层,而涂层内部 O 含量都远低于涂层表面,说明涂层内部氧化程度较低。工艺参数和粉末特性对涂层孔隙率和显微硬度影响非常显著。涂层的纳米压痕载荷-位移曲线显示微纳米涂层抗变形能力、硬度和弹性模量都优

于微米涂层。

④ 摩擦磨损过程中,在正压力、循环接触应力及摩擦热应力的共同作用下基体和涂层磨损机制各有不同。Ti6Al4V 钛合金基体表现出以磨粒磨损、黏着磨损为主,氧化磨损为辅的综合磨损机制。微米 WC-12Co 涂层表现为以微切削和剥层为主的磨粒磨损机制,而微纳米 WC-12Co 主要是以微切削为主的磨粒磨损机制。两种涂层在现有工艺参数下最小的磨损量分别为10.9 mg 和 6.8 mg,分别为基体的 0.2 倍(1/5)和 0.13 倍(约 1/8),微米涂层磨损量是微纳米涂层的 1.6 倍,都表现出了极为优异的耐磨性,微纳米涂层更具有优势。

⑤ 两种涂层中残余应力状态均为压应力,但幅值不同,主要取决于工艺参数不同引起的颗粒传热特征和动量传输特征不同。微纳米涂层压应力约为微米涂层的 2 倍。残余压应力的产生主要由未熔化的 WC 颗粒产生的喷丸效应引起,与喷涂工艺无关。

⑥ 涂层表面 AFM 结果表明,孔隙三维形状近乎于圆锥形,直径为941.64 nm,深度为 77.41 nm。涂层表面粗糙度主要由不同尺度的 WC 颗粒贡献,颗粒较大处表面粗糙度较大,颗粒较小处表面粗糙度小,即使单个 WC 颗粒,其表面轮廓处处不同。WC 颗粒凸起于基相 Co 的表面,磨损过程中抵御外界载荷,从微观层面进一步证实了涂层的磨损机制。

第5章 涂层质量预测及优化

　　统计学分析已在经济、管理和农业等领域得到广泛应用,但在涂层制备领域的应用刚刚开始。如何在现有试验信息中进行数据挖掘,探求内在规律,建立工艺参数与涂层质量之间的数学模型和泛函关系,优化工艺参数,进而实现涂层质量可控,具有重要的理论意义和工程应用价值。在材料选定的情况下,涂层质量主要取决于工艺参数。衡量涂层质量的指标众多,如孔隙率、显微硬度、摩擦学性能和残余应力等。追溯源头孔隙影响着涂层硬度和裂纹产生,进而影响着服役过程中的失效模式及寿命[158],显微硬度在一定程度上决定了耐磨性及抗疲劳性,因而大部分学者采用孔隙率和显微硬度作为表征涂层质量的重要指标[159-161]。本章思路是首先基于常规正交试验分析工艺参数对涂层质量的影响规律,然后以正交试验为基础采用统计学回归分析手段建立工艺参数-涂层质量间的数学模型,进而预测和优化涂层质量,为研究工艺参数与涂层质量的关系提供一条崭新的思路。

5.1 正交试验统计分析

5.1.1 正交表设计及试验结果

　　正交试验是一种研究多因素多变量的试验设计方法,但随着试验因素和水平的增加,试验组合数急剧增加。例如3水平4因素的试验,如果全面实施需要 $3^4 = 81$ 个组合,试验规模庞大。而按照正交试验方法只需设计一张 L9(3⁴)正交表安排9次试验即可,在一定意义上可代表81次试验,充分体现了均匀分散性和整齐可比性两大优势。选择煤油流量、氧气流量、喷涂距离和送粉速率4个因素,每个因素设计3个水平,正交试验表为 L9(3⁴),试验参数及结果见表5-1。

表 5-1 正交试验表及试验结果

试验序号	试验因素				涂层质量参数			
					C-WC$_m$		C-WC$_{m/n}$	
	煤油流量 x_1/(L/h)	氧气流量 x_2/(m³/h)	喷涂距离 x_3/mm	送粉速率 x_4/(r/min)	显微硬度 /HV$_{0.3}$ (HV$_m$)	孔隙率/% (P$_m$)	显微硬度 /HV$_{0.3}$ (HV$_{m/n}$)	孔隙率/% (P$_{m/n}$)
1	34.5	35	370	6.4	1 203.16	0.70	1 239.93	0.59
2	34.5	37	380	6.8	1 082.82	2.26	1 230.16	1.05
3	34.5	33	390	7.3	966.07	2.78	1 094.16	2.34
4	39.0	35	380	7.3	1 140.15	1.83	1 215.25	0.38
5	39.0	37	390	6.4	951.02	3.84	1 198.84	1.61
6	39.0	33	370	6.8	1 134.26	2.00	1 191.86	0.80
7	36.5	35	390	6.8	1 044.41	2.45	1 132.56	1.75
8	36.5	37	370	7.3	1 066.78	2.31	1 090.99	2.62
9	36.5	33	380	6.4	1 157.19	1.50	1 120.21	1.65

为便于后续分析和验证,在各因素水平范围内随机组合补充 3 组试验,见表 5-2。

表 5-2 补充试验及结果

试验序号	试验因素				涂层质量参数			
					C-WC$_m$		C-WC$_{m/n}$	
	煤油流量 x_1/(L/h)	氧气流量 x_2/(m³/h)	喷涂距离 x_3/mm	送粉速率 x_4/(r/min)	显微硬度 /HV$_{0.3}$ (HV$_m$)	孔隙率/% (P$_m$)	显微硬度 /HV$_{0.3}$ (HV$_{m/n}$)	孔隙率/% (P$_{m/n}$)
10	39.0	37	380	6.8	1 184.08	1.13	1 148.25	0.61
11	36.5	33	390	7.3	1 155.52	1.65	1 231.08	0.63
12	34.5	35	380	6.4	1 129.40	2.13	1 148.25	0.61

5.1.2 正交试验结果统计分析

微米涂层的正交试验结果的统计分析见表 5-3,分别给出了显微硬度和孔隙率的极差、优化方案和因素主次。

表 5-3 微米涂层正交试验结果分析

显微硬度	煤油流量 /(L/h)	氧气流量 /(m³/h)	喷涂距离 /mm	送粉速率 /(r/min)
1 水平	1 084.016 1	1 129.24	1 134.7	1 103.8
2 水平	1 075.142 7	1 033.53	1 126.7	1 087.2
3 水平	1 089.460 3	1 085.84	987.2	1 057.7
极差 R1	14.3	95.7	147.6	46.1
优化方案 1	3	1	1	1
因素主次 1	4	2	1	3
孔隙率	煤油流量 /(L/h)	氧气流量 /(m³/h)	喷涂距离 /mm	送粉速率 /(r/min)
1 水平	1.913	1.660	1.670	2.013
2 水平	2.557	2.803	1.863	2.237
3 水平	2.087	2.093	3.023	2.370
极差 R2	0.644	1.143	1.353	0.294
优化方案 2	2	2	3	3
因素主次 2	3	2	3	4

图 5-1 和图 5-2 分别为显微硬度和孔隙率的因素效应关系图。由结果可以看出,喷涂距离是影响涂层显微硬度和孔隙率的主要因素。煤油流量对显微硬度的影响较小,而送粉速率对孔隙率的影响较小。获取显微硬度的最佳工艺参数为:煤油流量 36.5 L/h,氧气流量 35 m³/h,喷涂距离 370 mm,送粉速率 6.4 r/min。获取孔隙率的最佳工艺参数为:煤油流量 39 L/h,氧气流量 37 m³/h,喷涂距离 390 mm,送粉速率7.3 r/min。由图 5-1 可以看出,显微硬度随着煤油流量和氧气流量的增加先增大后减小,而且随着氧气流量的增加减小的幅度较大,随着喷涂距离和送粉速率的增加显微硬度依次下降,且喷涂距离引起的下降趋势较大,随着送粉速率的增加依次下降。由图 5-2 可以看出,孔隙率随着煤油流量的增加先缓慢增加后急剧增大;随着氧气流量的增加先减小后增大;随着喷涂距离的增加先缓慢增大后急剧增大;随着送粉速率的增加缓慢增大。

原因分析如下:煤油流量和氧气流量的联合作用影响着粉末的传热特征和动量特征,决定了粉末的熔融状态和飞行状态。当加热充分和粒子加速合适的时候,熔融粒子得到有效铺展,可以获得低孔隙率、高显微硬度和结合强

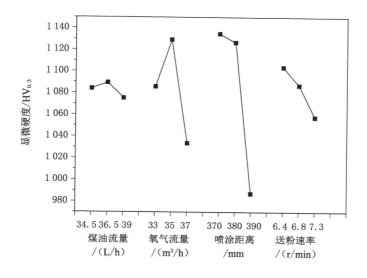

图 5-1　微米涂层显微硬度因素效应关系

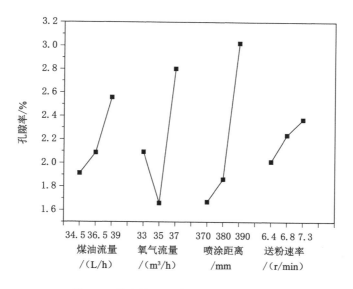

图 5-2　微米涂层孔隙率因素效应关系

度的优质涂层。反之,可能造成粉末熔化不充分或过烧,因此孔隙率增加和显微硬度下降。喷涂距离合适的时候,粉末能够得到充分加热和熔化,同时由于焰流密集,对粒子的作用力大于其飞行阻力,因此粒子在焰流中被加速,撞击基体时能够得到充分铺展,涂层致密度高,显微硬度增加。但随着喷涂距离的增加,粒子开始减速,撞击速度低,粉末不能充分铺展,孔隙率加大,显微硬度降低。如果喷涂距离过小,粉末在焰流中加热时间短,根本来不及充分熔化就已撞击,反而会造成孔隙率增加,显微硬度下降。

送粉速率合适的时候粉末可以充分熔化,同时在焰流中加速较快,撞击基体时得到充分铺展,因此孔隙率较小,显微硬度较大。如果送粉速率过小,粉末可能过熔,反而造成孔隙率加大,甚至涂层开裂。送粉速率过大,则粉末加热不充分且撞击基体时速度较低,造成孔隙率加大,显微硬度下降,严重时也会导致涂层应力增加,甚至开裂。

微纳米涂层的正交试验结果的统计分析见表 5-4,分别给出了显微硬度和孔隙率的极差、优化方案和因素主次。

表 5-4　微纳米涂层正交试验结果分析

显微硬度 /$HV_{0.3}$	煤油流量 /(L/h)	氧气流量 /(m³/h)	喷涂距离 /mm	送粉速率 /(r/min)
1 水平	1 188.083	1 195.913	1 174.260	1 186.327
2 水平	1 201.983	1 173.330	1 188.540	1 184.860
3 水平	1 114.587	1 135.410	1 141.853	1 133.467
极差 R1	87.396	60.503	46.687	52.860
优化方案 1	2	1	2	1
因素主次 1	1	2	4	3
孔隙率/%	煤油流量 /(L/h)	氧气流量 /(m³/h)	喷涂距离 /mm	送粉速率 /(r/min)
1 水平	1.327	0.907	1.337	1.283
2 水平	0.930	1.760	1.027	1.200
3 水平	2.007	1.597	1.900	1.780
极差 R2	1.007	0.853	0.837	0.580
优化方案 2	3	2	3	3
因素主次 2	1	2	3	4

　　图 5-3 和 5-4 分别为显微硬度和孔隙率的因素效应关系图。由试验结果可以看出,煤油流量和氧气流量是影响涂层显微硬度和孔隙率的主要因素。喷涂距离和送粉速率分别是影响显微硬度和孔隙率的次要因素。这和微米涂层存在着区别,说明了同种工艺同样参数下粉末特性会显著影响涂层质量。获取显微硬度的最佳工艺参数为:煤油流量 39 L/h,氧气流量 35 m³/h,喷涂距离 380 mm,送粉速率 6.4 r/min。获取孔隙率的最佳工艺参数为:煤油流量 36.5 L/h,氧气流量 37 m³/h,喷涂距离 390 mm,送粉速率 7.3 r/min。由图 5-3 和图 5-4 可以看出,显微硬度随着煤油流量的增加,呈现出先减小后增大的趋势;而随着氧气流量和喷涂距离的增大则先增加后减小;随着氧气流量的增加减小的幅度较大,随着送粉速率的增加依次下降。孔隙率随着煤油流量的增加而减小;随着氧气流量、喷涂距离和送粉速率均先减小后增大,但在减小和增大幅度上有所区别。这同样和微米涂层有所差别。原因如下:纳米颗粒对加热更为敏感,与煤油流量和氧气流量共同决定的火焰特性紧密相关。而喷涂距离和送粉速率对涂层性能的影响都存在着明显的转折点,两者过大和过小均显著影响着涂层的显微硬度和孔隙率,具体可参考上述分析。由于两种粉末平均粒径不同,因此其加热状态和飞行状态存在着差异。同样焰流温度和速度下,微纳米颗粒熔化和铺展更充分,当然也有可能过熔和失碳,造成显微硬度降低和孔隙率过高。在同样喷涂距离和送粉速率下,也会出现这些情况。因此,对工艺参数进行优化是获得优质涂层的前提。

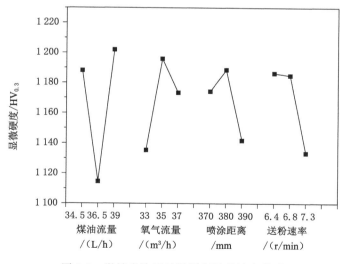

图 5-3　微纳米涂层显微硬度因素效应关系

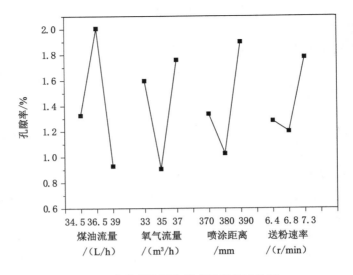

图 5-4　微纳米涂层孔隙率因素效应关系

综上所述,在同种工艺和相同工艺参数条件下,由于粉末特性不同,涂层性能有着明显的差异。正交试验结果统计分析表明,两种粉末获得最优涂层的工艺参数是完全不同的,存在着较大的优化空间,这意味着粉末特性决定了工艺参数的选用,进而决定了涂层性能。

5.2　基于多元回归分析的涂层质量数学模型建立

正交试验优化结果只是在现有的水平因素特定值中组合成最优值,存在着局限性。下面采用多元回归分析方法建立工艺参数与涂层质量间的数学模型,进而实现自变量范围内的全局寻优。

5.2.1　回归分析原理及步骤

回归分析是一种探求事物间统计关系的方法,用于描述变量间的变化规律并以回归方程的形式来体现,帮助研究者掌握变量间的相互影响规律,为预测提供科学依据。利用原始数据通过散点图观察变量间的统计关系,进而确定一个能够反映和拟合这种关系的数学函数,即为回归模型。然后在相关统计拟合准则下估计出回归模型中的各个参数来建立回归方程。数据的随机性使得估计出的回归方程未必能够真实反映事物总体间的统计关系,因此需要对所建立的回归方程进行全面检验来加以判断,这是该回归模型能否进行事物预测的根本前提。回归分析的一般步骤如下:明确回归分析的目的,确定自变量和因变量,确定回归模型,建立回归方程,回归方程统计检验,利用回归方程预测及优化并验证。

5.2.2　多元回归分析数学模型

根据自变量的个数回归分析分为一元回归和多元回归,HVOF 喷涂工艺显然属于多元回归分析。如果自变量与因变量间存在着非线性关系,此时回归分析又转化成多元非线性回归分析,而较多的非线性问题完全可以转换成线性回归问题来解决的。一般来讲,回归分析过程中样本数目越多越好,但正交试验的均匀分散性和整齐可比性两大特性在一定程度上已代表了较多的试验量,因而也能获得令人满意的回归精度[160-161]。

(1) 多元线性回归[162]

多元线性回归是指拥有多个自变量的线性回归方法,用于反映多个自变量与因变量之间的线性关系,其数学模型为:

$$y = \beta_0 + \beta_1 x_1 + \beta_2 x_2 + \beta_3 x_3 + \cdots + \beta_n x_n + \varepsilon \quad (n = 1, 2, \cdots, n) \quad (5\text{-}1)$$

式中　y——因变量(涂层性能);

$x_1, \cdots, x_n$——自变量(喷涂工艺参数);

β_0——模型回归常数;

$\beta_1, \cdots, \beta_n$——偏回归系数;

ε——随机误差。

对式(5-1)两边求期望得多元回归方程:

$$E(y) = \beta_0 + \beta_1 x_1 + \beta_2 x_2 + \beta_3 x_3 + \cdots + \beta_n x_n \qquad (5\text{-}2)$$

估计式(5-2)中的 $\beta_0, \cdots, \beta_n$ 是多元线性回归分析的主要目的,由于参数估计是基于样本数据的,所以此时得到的参数仅是真值 $\beta_0, \cdots, \beta_n$ 的估计值,即 $\hat{\beta}_0, \hat{\beta}_1, \hat{\beta}_2, \cdots, \hat{\beta}$,因此有:

$$\hat{y} = \hat{\beta}_0 + \hat{\beta}_1 x_1 + \hat{\beta}_2 x_2 + \hat{\beta}_3 x_3 + \cdots + \hat{\beta}_n x_n \qquad (5\text{-}3)$$

为使该数学模型能够最好地揭示自变量和因变量间的互变关系。根据最小二乘法原理,必须使离差平方和(剩余平方和)最小:

$$
\begin{aligned}
Q(\hat{\beta}_0, \hat{\beta}_1, \hat{\beta}_2, \cdots, \hat{\beta}_n) &= \sum_{k=1}^{n} (y_k - \hat{y})^2 \\
&= \sum_{k=1}^{n} (y_k - \hat{\beta}_0 - \hat{\beta}_1 x_{k1} - \hat{\beta}_2 x_{k2} - \hat{\beta}_3 x_{k3} - \cdots - \hat{\beta}_n x_{kn})^2
\end{aligned}
$$

$$(5\text{-}4)$$

采用极值求解方法，分别对 $\hat{\beta_0}$ 和 $\hat{\beta_n}$ 求偏导，并令其等于 0 可得：

$$\frac{\partial Q}{\partial \beta_0} = -2 \sum_{k}^{n} (y_k - \hat{y})^2 = 0 \tag{5-5}$$

$$\frac{\partial Q}{\partial \beta_n} = -2 \sum_{k}^{n} (y_k - \hat{y})^2 x_n = 0 \tag{5-6}$$

经整理可得正规方程组：

$$\begin{bmatrix} SS_1 & SP_{12} & \cdots & SP_{1n} \\ SP_{21} & SS_2 & \cdots & SP_{2m} \\ \vdots & \vdots & \ddots & \vdots \\ SP_{n1} & SP_{m2} & \cdots & SS_m \end{bmatrix} \cdot \begin{bmatrix} \hat{\beta_1} \\ \hat{\beta_2} \\ \vdots \\ \hat{\beta_n} \end{bmatrix} = \begin{bmatrix} SP_{1y} \\ SP_{2y} \\ \vdots \\ SP_{ny} \end{bmatrix} \tag{5-7}$$

$$\hat{\beta_0} = \bar{y} - \hat{\beta_1} \bar{x_1} - \hat{\beta_2} \bar{x_2} - \cdots - \hat{\beta_m} \bar{x_m} \tag{5-8}$$

式（5-7）和式（5-8）中：

$$SS_i = \sum_{k} (x_{ik} - \bar{x_i})^2 = \sum_{k} x_{ik}^2 - \frac{\left(\sum_{k} x_{ik}\right)^2}{n}$$

$$SP_{ij} = SP_{ji} = \sum_{k} (x_{ik} - \bar{x_i})(x_{jk} - \bar{x_j}) = \sum_{k} x_{ik} x_{jk} - \frac{\sum_{k} x_{ik} \cdot \sum_{k} x_{jk}}{n}$$

$$SP_{iy} = \sum_{k} (x_{ik} - \bar{x_i})(y_k - \bar{y}) = \sum_{k} x_{ik} y_k - \frac{\sum_{k} x_{ik} \cdot \sum_{k} y_k}{n}$$

$$\bar{y} = \sum_{k} y_k / n, \bar{x} = \sum_{k} x_{ik} / n \quad (i, j = 1, 2, \cdots, n \text{ 且 } i \neq j)$$

根据矩阵变换原理和方程组求解方法分别求出回归常数 $\hat{\beta_n}$ 和 $\hat{\beta_0}$，从而可以建立多元线性回归方程（5-2）。

（2）多元非线性回归

非线性关系无法直接通过线性回归分析来解决的，但可以通过数学变换转化为线性关系，依然可以通过线性回归分析来建立数学模型。如 n 次曲线：

$$y = \beta_0 + \beta_1 x + \beta_2 x^2 + \beta_3 x^3 + \cdots + \beta_n x^n \tag{5-9}$$

用线性回归方法直接求解难以进行，然而通过变量变换可以解决该问题，令：$x_1 = x^2, x_2 = x^3, \cdots, x_{n-1} = x^n$，式（5-9）可转化为：

$$y = \beta_0 + \beta_1 x + \beta_2 x_1 + \beta_3 x_2 + \cdots + \beta_n x_{n-1}^n \tag{5-10}$$

对式（5-10）即可采用上述线性回归方法来求解，从而建立非线性回归模型。

5.2.3　回归数学模型的统计检验

回归数学模型建立后并不能直接对于实际问题进行分析和预测,必须进行拟合优度检验、显著性检验以及回归系数的显著性检验等多方面判断模型的合理性和科学性。

(1) 回归模型的拟合优度检验[163]

回归方程的拟合优度检验主要是检验数据点在回归线附近的积聚程度,从而评价该模型对所选择样本数据的反映程度,也称为相关系数检验。因变量 y 之间的差异主要由自变量 x 取值不同和随机因素两方面原因造成。回归平方和(SSA)是指由自变量 x 取值变化引起的 y 的变差平方和,用式(5-11)表示。离差平方和(SSE)则是由随机因素导致的 y 的变差平方和,可用式(5-12)表示。它们与总离差平方和(SST)之间关系可用式(5-13)表示。

$$\text{SSA} = \sum_{k=1}^{n} (\hat{y}_k - \overline{y})^2 \tag{5-11}$$

$$\text{SSE} = \sum_{k=1}^{n} (y_k - \hat{y})^2 \tag{5-12}$$

$$\text{SST} = \sum_{k=1}^{n} (y_k - \overline{y})^2 = \text{SSA} + \text{SSE}$$

$$= \sum_{k=1}^{n} (y_k - \hat{y})^2 + \sum_{k=1}^{n} (y_k - \hat{y})^2 \tag{5-13}$$

如果所有测试点都落在回归方程线上,没有随机误差产生的 SSE,SST 中只包含了 SSA,这意味着回归方程的拟合优度是最高的。如果两者共存,但 SSA 占据比例远大于 SSE,说明此回归方程能够较好地解释自变量与因变量之间的关系,而回归方程的拟合优度也较高。

对于多元线性回归方程的拟合优度检验一般采用调整的决定系数 $\overline{R}^2$ 统计量进行:

$$\overline{R}^2 = 1 - \frac{\dfrac{\text{SSE}}{n-p-1}}{\dfrac{\text{SST}}{n-1}} \tag{5-14}$$

式中　p——回归方程中自变量个数;

　　　$n-p-1$ 和 $n-1$——SSE 和 SST 的自由度。

$\overline{R}^2$ 取值在 0~1 之间,如果其值越接近于 1,说明回归方程对测试数据的拟合优度越高;反之,说明拟合优度越低。

（2）回归模型的显著性检验

回归模型的显著性检验主要是验证因变量与自变量之间的线性关系是否显著,能否采用该回归方程描述变量间的关系,其检验思想与上述拟合优度的检验相似。多元线性回归方程显著性检验的零假设是各个偏回归系数同时与零无显著差异,即 $\beta_n = 0$。其含义是当 $\beta_n = 0$ 时,不管自变量怎样取值,均不会对因变量产生影响,也就是说两者之间不存在线性关系。检验一般通过统计量 F 进行,服从 $(p, n-p-1)$ 个自由度的 F 分布:

$$F = \frac{\dfrac{\sum\limits_{k=1}^{n} (\hat{y}_k - \bar{y})^2}{p}}{\dfrac{\sum\limits_{k=1}^{n} (y_k - \hat{y})^2}{n-p-1}} \tag{5-15}$$

计算检验统计量的观测值及对应的概率 P 值,如果概率 P 值小于给定的显著性水平 α,则拒绝零假设。则可认为回归系数与零存在显著差异,因变量与自变量存在显著的线性关系,可以用该模型描述两者间的关系;反之,则不显著。对比式（5-14）和式（5-15）可以发现,回归方程的拟合优度越高,其显著检验也会越显著,反之亦成立。例如:如果方程的 $F > F_{0.05}(p, n-p-1)$,说明在置信度大于 95% 的情况下,回归方程显著;如果方程的 $F > F_{0.01}(p, n-p-1)$,说明在置信度大于 99% 的情况下,回归方程显著。即该回归模型能用于揭示因变量和自变量之间的关系;反之,则回归性不显著。$F_{0.05}(p, n-p-1)$ 和 $F_{0.01}(p, n-p-1)$ 的具体数值可以通过 F 分布表查出[164]。

（3）回归系数的显著性检验

回归系数的显著性检验主要是研究自变量与因变量之间是否存在显著的线性关系,判断自变量是否有必要保留到回归方程中。其原理是构造服从某种理论分布的检验统计量进行检验。多元线性回归分析中,在零假设成立时可构造 t 检验统计量:

$$t_i = \frac{\hat{\beta}_i}{\dfrac{\hat{\sigma}}{\sqrt{\sum\limits_{j=1}^{n} (x_{ji} - \bar{x}_i)^2}}} \quad (i = 1, 2, \cdots, p) \tag{5-16}$$

t_i 服从 $n-p-1$ 个自由度的 t 分布,通过计算检验统计量的观测值及对

应的概率 P 值,若概率 P 值大于给定的显著性水平 α,则不应拒绝零假设,认为回归系数与零不存在显著差异,因变量与某一自变量不存在显著的线性关系,该自变量可剔除出方程,反之保留在方程中。

假设检验结果的判断准则:一般来讲如果 $P>0.05$,则相关系数不显著;若 $0.01<P\ll0.05$,则认为相关系数显著;如果 $P\ll0.01$,则认为相关系数极为显著。

5.2.4　涂层质量多元回归数学模型的建立

研究表明[165],从数学理论上分析孔隙率和显微硬度对涂层质量的影响需要回归多项式。根据前述正交试验设计中因素的选择,只考虑煤油流量、氧气流量、喷涂距离和送粉速率等 4 个主要因素对涂层质量的影响,因此自变量个数为 4,因变量为涂层质量(性能参数)。其多项式可以采用式(5-17)描述[161]:

$$y(x_1,x_2,x_3,x_4) = \sum_i^4 x_i + \sum_{i=1}^4 \sum_{i<j}^4 x_i x_j + \cdots + \sum_{i=1}^4 \sum_{i>j}^4 x_i^{m-1} x_j + \sum_i^4 x_i^m$$

$$(5\text{-}17)$$

式中　$y(x_1,x_2,x_3,x_4)$——被考察的涂层质量(孔隙率或显微硬度);

m——回归模型的阶次;

x_i——HVOF 喷涂工艺参数(表 4-1)。

可以看出,如果 $m=1$ 说明该模型为多元一次线性回归模型,如果 $m>1$ 则说明是非线性回归模型,可分别按照上述方法建立回归模型。

多元回归分析时逐步回归法是应用较为广泛的一种。过程如下:① 首先对偏相关系数最大的变量做回归系的显著性检验来决定其是否进入回归模型;② 将方程中任一变量作为最后入选方程的变量求出偏 F 值,对最小的偏 F 值所属的变量做偏 F 检验,决定该变量是否留在回归模型中;③ 继续重复该过程,直到没有变量引入也没有变量剔除。

根据上述分析分别对涂层质量进行线性回归和非线性回归(多元二次、多元三次等),所有回归分析过程在 DPS(Data Processing System,DPS)数据处理系统 V16.05 平台上采用逐步回归方式进行。DPS 数据处理系统是目前我国唯一一款达到国际先进水平的多功能统计分析软件,在试验设计及统计分析方面可以媲美国际通用的大型统计分析软件包如 SAS、SPSS、MATLAB、R 等,其多元统计分析等功能甚至已处于国际领先地位[166]。为增加样本数目,提高回归精度,本节中所有数学模型均采用前 11 组数据进行回归分析,第 12 组数据用于模型的验证。

（1）微米涂层质量数学模型的建立

① 微米涂层显微硬度数学模型的建立。

微米涂层显微硬度数学模型及常用统计量见表 5-5 和表 5-6，数学模型分别给出了线性回归、多元二次回归和多元三次回归三种模型。根据前述理论分析，综合采用回归 F 值和相关系数对模型的显著性进行考察。可以看出，线性回归方程 $F < F_{0.05}(1,9)$，且相关系数过小，回归性不显著，模型无法描述涂层工艺参数与显微硬度之间的关系。

表 5-5 微米涂层显微硬度数学模型

回归阶次	涂层质量数学模型（回归方程）
1	$HV_m = 3\,691.57 - 6.83x_3$
2	$HV_m = -15\,541.70 - 423.71x_1 + 133.62x_3 - 13.17x_1^2 + 27.96x_2^2 - 322.48x^{24} +$ $2.58x_1x_2 + 193.91x_1x_4 - 3.94x_2x_3 - 81.86x_2x_4$
3	$HV_m = -84\,018.19 - 1\,601.78x_1 + 437.22x_3 + 15.40x_1^3 - 14.65 \times 10^{-3}x_3^3 +$ $32.86x_1x_2 - 26.86 \times 10^{-2}x_1^2x_2 - 4.43x_1^2x_3 + 0.43x_1x_3^2 - 5.90 \times 10^{-3}x_2x_3^2$

表 5-6 微米涂层显微硬度数学模型常用统计量

回归阶次	F 值	P 值	相关系数	自由度	置信区间	$F_{0.05}$ 或 $F_{0.01}$
1	4.00	0.076 5	0.48	(1,9)	$<95\%$	5.12
2	176 264.91	0.001 8	0.999 990	(9,1)	99%	241
3	17 163.08	0.005 9	0.999 968	(9,1)	99%	241

而多元二次回归模型和多元三次回归模型的 F 值均远大于 $F_{0.01}(9,1)$，相关系数接近于 1，模型回归性非常显著，对比 F 值、P 值及相关系数发现，多元二次回归方程的显著性更好。

显微硬度试验值与回归模型拟合值对比见表 5-7。可以看出，线性回归模型的最大相对误差高达 17.96%，进一步说明了回归模型的低显著性。而多元三次回归模型的最大相对误差为 0.05%，比二次回归模型的最大相对误差稍高，再次说明了多元二次回归模型的高显著性。因此，采用多元二次回归模型更适合表征 HVOF 喷涂工艺参数与显微硬度之间的关系，其回归方程可以表示为：

$$HV_m(x_1, x_2, x_3, x_4) = -15\,541.70 - 423.71x_1 + 133.62x_3 - 13.17x_{12} +$$
$$27.96x_{22} - 322.48x_{42} + 2.58x_1x_2 + 193.91x_1x_4 - 3.94x_2x_3 - 81.86x_2x_4$$

$$(5-18)$$

表 5-7　显微硬度试验值与回归模型拟合值对比表

样本号	试验值	线性回归分析		多元二次回归分析		多元三次回归分析	
		拟合值	相对误差/%	拟合值	相对误差/%	拟合值	相对误差/%
1	1 203.16	1 164.58	3.21	1 203.13	0.002	1 203.33	0.01
2	1 082.82	1 096.29	1.24	1 082.86	0.004	1 082.61	0.02
3	966.07	1 027.99	17.96	871.44	0.002	871.49	0.00
4	1 140.15	1 096.29	3.85	1 140.29	0.012	1 140.55	0.03
5	951.02	1 027.99	8.09	951.06	0.004	950.80	0.02
6	1 134.26	1 164.58	2.67	1 134.17	0.008	1 134.15	0.01
7	1 044.41	1 027.99	1.57	1 044.31	0.010	1 044.93	0.05
8	1 066.78	1 164.58	9.17	1 066.79	0.001	1 066.72	0.01
9	1 157.19	1 096.29	5.26	1 157.32	0.011	1 157.06	0.01
10	1 129.40	1 096.29	7.41	1 183.99	0.008	1 184.01	0.01
11	1 184.08	1 027.99	11.04	1 155.49	0.003	1 155.19	0.03

表 5-8 为回归模型系数检验表。可以看出，回归模型各系数的 P 值极小，说明了模型的显著性和有效性。

表 5-8　微米涂层显微硬度回归模型系数检验表

	回归系数	标准回归系数	偏相关	t 值	P 值
x_1	−423.71	−7.807 61	−0.999 96	109.236 6	0.005 828
x_3	133.62	10.854 92	0.999 997	415.497 8	0.001 532
x_{12}	−13.17	−17.889 2	−0.999 99	269.793 7	0.002 36
x_{22}	27.96	34.222 37	0.999 998	530.047 6	0.001 201
x_{42}	−322.48	−16.333 5	−1	532.114	0.001 196
$x_1 x_2$	2.58	2.534 452	0.999 928	83.264 32	0.007 645
$x_1 x_4$	193.91	35.206 77	0.999 999	941.073 7	0.000 676
$x_2 x_3$	−3.94	−27.114 8	−1	436.896 5	0.001 457
$x_2 x_4$	−81.86	−13.286 3	−1	361.568 2	0.001 761

② 微米涂层孔隙率数学模型的建立。

微米涂层孔隙率数学模型及常用统计量见表 5-9 和表 5-10，数学模型分别为线性回归、多元二次回归和多元三次回归。可以看出,线性回归方程 $F<F_{0.05}(2,8)$,$P>0.05$,且相关系数较小,回归性不显著。多元二次回归和多元三次回归的 F 值都大于置信区间的 F 值,P 值均小于 0.05,相关系数都较大。从统计学角度来看都符合要求,但对比发现多元三次回归的 F 值和相关系数都比多元二次回归模型更高,且 P 值比其更小,因此回归显著性更高。

表 5-9   微米涂层孔隙率数学模型

回归阶次	涂层质量数学模型(回归方程)
1	$P_m=-24.53+13.79\times10^{-2}x_2+5.72\times10^{-2}x_3$
2	$P_m=-1\,003.52+1.99x_3+185.19x_4-4.20\times10^{-2}x_1x_4+1.84\times10^{-2}x_2x_3-$ $1.06x_2x_4-0.38x_3x_4$
3	$P_m=259.72+4.49\times10^{-2}x_{12}+0.18x_{22}+2.72x_{42}-9.12\times10^{-2}x_2x_3-$ $3.36\times10^{-4}x_{22}x_3-2.46\times10^{-5}x_1x_{32}+2.13\times10^{-4}x_2x_{32}-2.51\times10^{-4}x_{32}x_4$

表 5-10   微米涂层孔隙率数学模型常用统计量

回归阶次	F 值	P 值	相关系数	自由度	置信区间	$F_{0.05}$ 或 $F_{0.01}$
1	2.19	0.174 6	0.44	(2,8)	<95%	4.46
2	29.78	0.002 8	0.972 244	(6,4)	99%	15.21
3	1 110.11	0.000 9	0.999 437	(8,2)	99%	99.36

表 5-11 为孔隙率试验值与回归模型拟合值对比表,给出了试验值、拟合值及相对误差。可以看出,线性回归模型误差非常大,与上述分析的回归性不显著结论吻合。而多元二次回归最大相对误差为 17.19%,多元三次回归的最大相对误差仅为 2.06%。

表 5-11   微米涂层孔隙率试验值与回归模型拟合值对比表

样本号	试验值	线性回归分析		多元二次回归分析		多元三次回归分析	
		拟合值	相对误差/%	拟合值	相对误差/%	拟合值	相对误差/%
1	0.70	1.42	102.35	0.69	1.72	0.69	2.06
2	2.26	2.26	0.09	2.35	3.86	2.27	0.38
3	2.78	2.29	17.81	2.55	8.47	2.76	0.61
4	1.83	1.99	8.64	1.74	4.83	1.82	0.58

表 5-11(续)

样本号	试验值	线性回归分析		多元二次回归分析		多元三次回归分析	
		拟合值	相对误差/%	拟合值	相对误差/%	拟合值	相对误差/%
5	3.84	2.83	26.21	3.85	0.16	3.83	0.32
6	2.00	1.14	42.72	2.01	0.69	2.00	0.42
7	2.45	2.56	4.49	2.43	0.78	2.48	1.03
8	2.31	1.69	26.83	2.34	1.44	2.32	0.27
9	1.50	1.71	14.68	1.49	0.19	1.50	0.28
10	2.13	2.26	100.17	1.06	5.88	1.13	0.21
11	1.13	2.29	38.56	1.93	17.19	1.65	0.26

因此,采用多元三次回归模型更适合表征喷涂工艺参数与孔隙率之间的关系,其回归方程可以表示为:

$$P_m(x_1, x_2, x_3, x_4) = 259.72 + 4.49 \times 10^{-2} x_{12} + 0.18 x_{22} + 2.72 x_{42} - 9.12 \times$$
$$10^{-2} x_2 x_3 - 3.36 \times 10^{-4} x_{22} x_3 - 2.46 \times 10^{-5} x_1 x_{32} +$$
$$2.13 \times 10^{-4} x_2 x_{32} - 2.51 \times 10^{-4} x_{32} x_4 \tag{5-19}$$

表 5-12 为回归模型系数检验表。可以看出,回归模型各系数的 P 值极小,说明了模型的显著性和有效性。

表 5-12　微米涂层孔隙率回归模型系数检验表

	回归系数	标准回归系数	偏相关	t 值	P 值
x_{12}	0.044 9	7.352 562	0.997 417	19.637 51	0.002 583
x_{22}	0.184	27.193 72	0.988 644	9.304 03	0.011 356
x_{42}	2.72	16.603 94	0.999 706	58.311 59	0.000 294
$x_2 x_3$	−0.091 2	−75.646 2	−0.999 33	38.634 25	0.000 669
$x_{22} x_3$	−0.000 336	−18.787 9	−0.97	5.642 538	0.030 002
$x_1 x_{32}$	−0.000 024 6	−10.247 3	−0.997 83	21.452 73	0.002 166
$x_2 x_{32}$	0.000 213	79.503 03	0.999 054	32.484 92	0.000 946
$x_{32} x_4$	−0.000 251	−22.092 2	−0.999 7	58.038 09	0.000 297

（2）微纳米涂层质量数学模型的建立

① 微纳米涂层显微硬度数学模型的建立。

微纳米涂层显微硬度数学模型及常用统计量见表 5-13 和表 5-14，数学模型分别给出了线性回归、多元二次回归和多元三次回归三种模型。可以看出，线性回归方程 $F < F_{0.05}(3,7)$，且相关系数过小，回归性不显著。而多元二次回归和多元三次回归方程 $F < F_{0.01}(9,1)$，相关系数为 1，从统计学角度而言，这两个模型都能描述该涂层的工艺参数与显微硬度的关系。对比发现，二次多元回归模型的 F 值更大，模型精度更高，多元三次回归模型精度较之多元二次回归模型反而较低。

表 5-13 微纳米涂层显微硬度数学模型

回归阶次	涂层质量数学模型（回归方程）
1	$HV_{m/n} = 992.05 + 5.97x_1 + 6.055x_2 - 35.75x_4$
2	$HV_{m/n} = 69\,162.12 + 546.96x_1 + 325.88x_2 - 193.83x_3 - 14\,157.85x_4 + 0.23x_{12} + 3.94x_{22} + 234.08x_{42} - 15.24x_1x_2 + 28.65x_3x_4$
3	$HV_{m/n} = -8\,641.04 + 12.50x_{22} + 0.13x_{32} + 1.45 \times 10^{-6}x_{33} - 4.61x_1x_2 + 8.72x_2x_4 - 1.11 \times 10^{-3}x_1x_{32} - 2.48 \times 10^{-3}x_2x_{32} + 7.16x_1x_{42} - 8.39x_2x_{42}$

表 5-14 微纳米涂层显微硬度数学模型常用统计量

回归阶次	F 值	P 值	相关系数	自由度	置信区间	$F_{0.05}$ 或 $F_{0.01}$
1	0.435 1	0.734 8	0.28	(3,7)	$<95\%$	4.35
2	15 454 940.34	0.000 2	1	(9,1)	99%	6 022
3	12 874 579.31	0.000 2	1	(9,1)	99%	6 022

表 5-15 为显微硬度试验值与回归模型拟合值对比表，给出了试验值、拟合值及相对误差。可以看出，线性回归模型误差最大（7.5%），而多元二次回归和多元三次回归的最大相对误差都极小。

表 5-15 微纳米涂层显微硬度试验值与回归模型拟合值对比表

样本号	试验值	线性回归分析		多元二次回归分析		多元三次回归分析	
		拟合值	相对误差/%	拟合值	相对误差/%	拟合值	相对误差/%
1	1 239.93	1 180.99	4.75	1 239.93	0.000 3	1 239.94	0.000 5
2	1 230.16	1 178.78	4.18	1 230.16	0.000 4	1 230.16	0.000 6

表 5-15（续）

样本号	试验值	线性回归分析		多元二次回归分析		多元三次回归分析	
		拟合值	相对误差 /%	拟合值	相对误差 /%	拟合值	相对误差 /%
3	1 094.16	1 136.73	3.89	1 094.16	0.000 0	1 094.15	0.000 6
4	1 215.25	1 175.70	3.25	1 215.24	0.000 6	1 215.25	0.000 4
5	1 198.84	1 219.97	1.76	1 198.85	0.000 5	1 198.84	0.000 3
6	1 191.86	1 181.49	0.87	1 191.87	0.000 5	1 191.85	0.000 6
7	1 132.56	1 178.64	4.07	1 132.57	0.000 3	1 132.57	0.000 7
8	1 090.99	1 172.86	7.50	1 090.99	0.000 3	1 090.99	0.000 2
9	1 120.21	1 180.85	5.41	1 120.20	0.000 9	1 120.21	0.000 2
10	1 148.25	1 205.67	2.06	1 231.08	0.000 3	1 231.08	0.000 0
11	1 231.08	1 148.67	5.48	1 215.30	0.000 3	1 215.30	0.000 2

综合考虑，采用多元二次回归模型更适合表征喷涂工艺参数与显微硬度之间的关系，其回归方程可以表示为：

$$HV_{m/n}(x_1, x_2, x_3, x_4) = 69\ 162.12 + 546.96x_1 + 325.88x_2 - 193.83x_3 - 14\ 157.85x_4 + 0.23x_{12} + 3.94x_{22} + 234.08x_{42} - 15.24x_1x_2 + 28.65x_3x_4$$

$$(5-20)$$

同上述一样，通过检验回归模型系数发现回归系数的 P 值极小，显著性非常高，进一步说明了该模型的有效性。

② 微纳米涂层孔隙率数学模型的建立。

微纳米涂层孔隙率数学模型及常用统计量见表 5-16 和表 5-17，数学模型分别为线性回归、多元二次回归和多元三次回归。基于前述理论分析，综合采用回归 F 值和相关系数对模型的显著性进行考察。可以看出，线性回归方程 $F < F_{0.05}(1, 9)$，$P > 0.05$，且相关系数过小，回归性不显著。而多元二次回归和多元三次回归 F 值都大于置信区间的 F 值，P 值均小于 0.05，相关系数均大于 0.99。从统计学角度来看都符合要求，但对比发现多元三次回归的 F 值远大于 $F_{0.01}(8, 2)$，且相关系数为 1，因此回归显著性更高。

表 5-16   微纳米涂层孔隙率数学模型

回归阶次	涂层质量数学模型（回归方程）
1	$P_{m/n}=6.21-0.13x_1$
2	$P_{m/n}=1\,440.71-9.68x_1-10.50x_2-5.44x_3-16.33x_4+0.10x_{12}+6.12\times10^{-3}x_{32}+$ $\quad 2.29\times10^{-2}x_1x_3-0.987x_1x_4+1.52x_2x_4$
3	$P_{m/n}=-226.75+7.22x_1+0.13x_{22}-4.60\times10^{-4}x_{13}-3.32\times10^{-3}x_{23}+0.295x_{43}-$ $\quad 4.23\times10^{-4}x_1x_{22}+9.55\times10^{-3}x_{22}x_4-0.11x_1x_{42}$

表 5-17   微纳米涂层孔隙率数学模型常用统计量

回归阶次	F 值	P 值	相关系数	自由度	置信区间	$F_{0.05}$ 或 $F_{0.01}$
1	1.18	0.305 2	0.13	(1,9)	<95%	5.12
2	277.88	0.046 5	0.998	(9,1)	<95%	241
3	40 203.15	0.000 02	1	(8,2)	99%	99.36

表 5-18 为孔隙率试验值与回归模型拟合值对比表，给出了试验值、拟合值及相对误差。可以看出，线性回归模型误差非常大，与上述分析的回归性不显著结论吻合。而多元二次回归最大相对误差为 5.06%，多元三次回归的最大相对误差为 0.75%。

表 5-18   微纳米涂层孔隙率试验值与回归模型拟合值对比表

样本号	试验值	线性回归分析		多元二次回归分析		多元三次回归分析	
		拟合值	相对误差/%	拟合值	相对误差/%	拟合值	相对误差/%
1	0.59	1.64	177.65	0.60	2.01	0.59	0.04
2	1.05	1.64	56.51	1.02	2.16	1.05	0.02
3	2.34	1.64	30.00	2.35	0.46	2.34	0.02
4	0.38	1.04	177.79	0.37	2.30	0.38	0.75
5	1.61	1.04	35.30	1.60	0.75	1.61	0.05
6	0.80	1.04	29.94	0.79	1.40	0.80	0.21
7	1.75	1.37	21.54	1.75	0.20	1.75	0.17
8	2.62	1.37	47.59	2.62	0.02	2.62	0.03
9	1.65	1.37	16.79	1.65	0.04	1.65	0.16
10	0.61	1.04	65.35	0.66	5.06	0.63	0.31
11	0.63	1.37	18.37	1.16	0.20	1.16	0.05

综上所述,多元三次回归模型更适合表征喷涂工艺参数与孔隙率之间的关系:

$$\begin{aligned}
P_{m/n}(x_1,x_2,x_3,x_4) = & -226.75 + 7.22x_1 + 0.13x_{22} - 4.60 \times 10^{-4}x_{13} - \\
& 3.32 \times 10^{-3}x_{23} + 0.295x_{43} - 4.23 \times 10^{-4}x_1x_{22} + \\
& 9.55 \times 10^{-3}x_{22}x_4 - 0.11x_1x_{42}
\end{aligned}$$
(5-21)

可以看出,上述涂层质量的数学模型都是二次方程或三次方程,线性回归模型不能胜任。实质上从前述分析可知,工艺参数之间存在着高度交互作用的影响,这也是回归过程中线性模型几乎没有显著性的根本原因。

5.2.5　模型验证及涂层质量预测和优化

根据回归的原理和本质,获得的涂层质量回归数学模型仅适用被考察的工艺参数范围(自变量范围内)和涂层种类,这也是回归数学模型的自身局限性[161,166]。数学模型建立后需要进行可靠性验证才能用于实际生产。将样本 12 的工艺参数分别代入显微硬度和孔隙率的回归数学模型式(5-16)~式(5-19)中可得预测值,将之与试验值对比即可验证模型的可靠性。回归分析数学模型预测值与试验值的对比见表 5-19。

表 5-19　预测值与试验值的对比

样本号	回归数学模型	显微硬度/HV_{0.3}			孔隙率/%		
		预测值	试验值	相对误差/%	预测值	试验值	相对误差/%
12	$HV_m(x_1,x_2,x_3,x_4)$ $P_m(x_1,x_2,x_3,x_4)$	1 159.85	1 129.40	2.70	2.11	2.13	0.94
12	$HV_{m/n}(x_1,x_2,x_3,x_4)$ $P_{m/n}(x_1,x_2,x_3,x_4)$	1 135.14	1 148.25	1.14	0.59	0.61	3.28

通过表 5-19 可以看出,预测值与试验值相对误差都非常小,最大为 3.28%。误差的主要来源由个体样本的差异性和样本数目偏少造成。验证结果充分说明了模型的有效性,说明采用回归分析技术建立工艺参数与涂层质量间的数学模型进而实现涂层质量预测是完全可行的。

涂层质量的控制或优化实质是求自变量范围内的模型目标函数所能达到的极值(最大值或最小值)。本节模型优化问题均在 DPS 平台上采用改进的单纯形算法(复合形法)进行,根据约束条件(自变量范围)对数学模型进行最优搜索计算,通过不断迭代,直至达到给定精度。根据分析可知,对于显微硬度求极大值,对于孔隙率求极小值。

目标函数分别为上述各回归数学模型,约束条件为各工艺参数变化范围。模型优化问题描述如下:

$$\begin{cases} \max: HV_m(x_1,x_2,x_3,x_4) \text{ 或 } \max: HV_{m/n}(x_1,x_2,x_3,x_4) \\ \min: P_m(x_1,x_2,x_3,x_4) \text{ 或 } \min: P_{m/n}(x_1,x_2,x_3,x_4) \\ 34.5 \leqslant x_1 \leqslant 39 \\ 33 \leqslant x_2 \leqslant 37 \\ 370 \leqslant x_3 \leqslant 390 \\ 6.4 \leqslant x_4 \leqslant 7.3 \end{cases} \qquad (5\text{-}22)$$

各回归模型方程见式(5-18)～式(5-21)。利用 DPS 系统优化工艺参数见表 5-20。

表 5-20 涂层质量优化

回归方程	涂层质量优化值				工艺参数优化值			
	C-WC$_m$		C-WC$_{m/n}$		煤油流量	氧气流量	喷涂距离	送粉速率
	显微硬度 /HV$_{0.3}$	孔隙率 /%	显微硬度 /HV$_{0.3}$	孔隙率 /%	x_1/(L/h)	x_2/(m³/h)	x_3/mm	x_4/(r/min)
HV$_m$	1 257.85				34.5	33.0	390.0	6.4
P_m		0.01			38.8	36.8	371.5	6.5
HV$_{m/n}$			1 408.44		39.0	37.0	370.0	6.4
$P_{m/n}$				0.07	38.7	33.6	380.2	7.2

从优化后的工艺参数和涂层质量来看,涂层的显微硬度分别为 1 257.85 HV$_{0.3}$ 和 1 408.44 HV$_{0.3}$,远高于正交试验获得的显微硬度 1 225.6 HV$_{0.3}$(试验值)和 1 290.8 HV$_{0.3}$(试验值),而涂层的孔隙率也小于正交试验获得的,而且最优涂层质量对应的工艺参数也不完全是正交试验表中的因素和水平,说明基于回归分析模型进行自变量范围内的全局寻优是非常可行的。综上所述,采用基于统计学的多元回归分析技术可以建立热喷涂工艺参数与涂层质量间的数学模型,采用该模型可实现涂层质量预测和优化,也为该领域研究涂层质量提供了一条切实可行的途径。

5.2.6　优化后涂层微观形貌及性能

从上述分析来看,HVOF 工艺中涂层孔隙率都较小,在此采用以显微硬度为优化目标的涂层优化工艺参数值来制备涂层,并对比分析。图 5-5 和图 5-6 分别所示为采用优化后工艺参数所制备的涂层微观形貌。

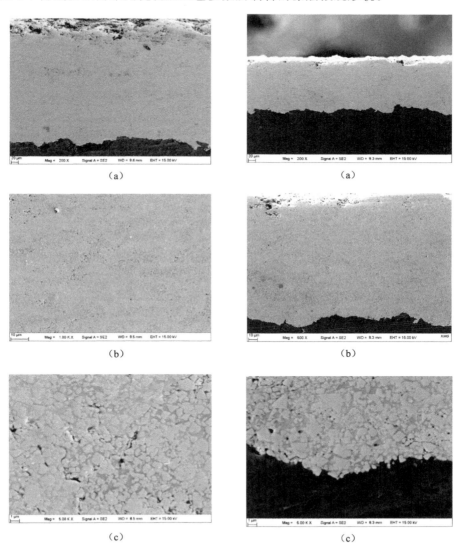

图 5-5　优化后的微米涂层微观形貌　　　图 5-6　优化后的微纳米涂层微观形貌

可以看出,两种涂层都非常致密,无明显孔隙。涂层与基体间结合紧密,特别是微纳米涂层部分 WC 颗粒在高速撞击下已经侵入基体中,但两者都呈现典型的机械结合。经测试,涂层显微硬度均值分别为 1 278.4 $HV_{0.3}$ 和 1 413 $HV_{0.3}$,这与数学模型的优化值非常接近,充分证明了本数学模型的可靠性。此外,两种涂层表面残余应力均值分别为 -60.13 MPa 和 -103.56 MPa,为涂层优异的耐磨性提供了基础。

5.3   本章小结

为系统分析和研究超音速喷涂工艺参数与涂层质量间的内在关系,实现涂层质量的预测和控制,以正交试验为基础采用统计学手段建立了超音速喷涂微米涂层、微纳米涂层的工艺参数和涂层质量间的回归数学模型,预测和优化了涂层质量。

① 对正交试验结果进行了统计学分析,分别给出了两种涂层显微硬度和孔隙率的极差、优化方案和因素主次关系,并建立了因素效应关系图。最终给出了两种涂层显微硬度和孔隙率所对应的最优工艺参数组合。

② 基于统计学理论建立了 HVOF 喷涂工艺参数和涂层质量间的多元回归数学模型,并对回归模型进行显著性检验,通过补充试验验证了数学模型的可靠性。基于所建立的涂层质量回归数学模型采用改进单纯形算法实现了自变量范围内的工艺参数全局寻优,优化后的涂层质量明显好于正交试验最优工艺参数组合下的涂层质量。结果表明,采用所建立数学模型可以实现 HVOF 喷涂涂层质量的预测和优化控制,也为该领域涂层加工过程中的质量控制提供了一条新颖的思路。优化后,微纳米涂层的性能远优于微米涂层的性能,充分挖掘了材料潜力。

第 6 章　HVOF 喷涂涂层激光重熔研究

　　HVOF 喷涂工艺可获得高质量的耐磨性涂层,但涂层与基体间仍以机械结合为主。激光重熔技术是利用高能激光束在涂层表面快速加热,使涂层与基体之间传热传质,为热喷涂涂层改善界面结合状态提供了一条有效途径。激光熔池温度场的分布影响着对流和传热传质,最终影响着凝固过程和涂层成分的均匀性。激光加工中熔凝过程迅速,常规的试验手段很难精确获得其温度场的分布,而通过有限元模拟来获得熔池温度场的分布,掌握熔池加热冷却规律和传热传质规律,对优化工艺参数和控制涂层质量意义重大。本章通过数值模拟和试验研究重点讨论激光熔池的形成过程,对流机制及界面冶金结合机理,旨在实现涂层基体间从机械结合向冶金结合转变。

6.1　激光重熔过程理论基础

6.1.1　激光熔池的形成及对流机制

　　激光重熔过程中激光束与涂层作用时间极短,能量密度极高,能够瞬间超过材料熔点从而形成熔池,熔池存在时间一般不足 1 s,在深度和宽度方向上的温度及温度梯度均不相同。研究表明,激光重熔过程中仅靠浓度梯度导致的扩散来实现成分均匀化几乎不可能实现。目前已达成的共识是:熔池的对流使涂层中物质的传输和再分布成为可能,为成分均匀化提供了原动力,因此分析熔池的对流机制和特征有助于理解溶质的再分布。激光熔池内温度梯度处处不同,导致表面张力大小不一,表面张力随温度变化关系一般用表面张力的温度系数 $\partial\sigma/\partial T$ 表示,通常随着温度的升高而降低,即 $\partial\sigma/\partial T<0$。由于熔池中心区域温度最高,周围区域较低,因此表面张力分布从熔池中心到边缘逐渐变大。在张力梯度作用下,熔池表层液相向周边流动,中心下陷,即表面张

力差驱动熔池内液相流向高张力区。这种流动又造成液面产生高度差 Δh，在重力势能作用下，液相回流搅拌，从而形成对流。当分布均匀时，会形成两个对称的环流。这就是目前被广为接受的表面张力梯度（Marangoni 效应，马兰戈尼效应）驱动说，其示意图和试验图如图 6-1 所示。可以看出，激光单道重熔熔池实际形状与理论示意图非常吻合。

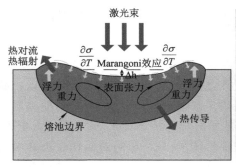 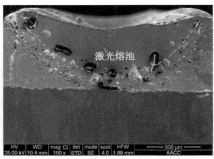

（a）对流机制示意图   （b）对流机制试验图

图 6-1　熔池对流机制示意图及试验图

　　熔池中温度梯度越大，Marangoni 效应越明显。为验证这一理论并更好地掌握熔池对流机制，基于 COMSOL Multiphysics 平台通过多物理场耦合来模拟 Marangoni 效应产生的多物理场特征，主要采用流体传热模块（ht）、层流模块（spf），并在多物理场耦合中设置边界 Marangoni 效应。

　　控制方程为 Navier-Stokes 方程，用来描述速度场和压力分布：

$$\rho \frac{\mathrm{d}\vec{u}}{\mathrm{d}t} = -\nabla p + \mu \nabla^2 \vec{u} + F_{\mathrm{v}}$$

$$\nabla \cdot \vec{u} = 0$$

(6-1)

式中　　ρ——流体密度；

$\vec{u}$——流体速度，可以为一维、二维或三维速度矢量；

∇——梯度算子；

p——流体的压力；

μ——流体的黏度；

∇^2——拉普拉斯算子；

F_{v}——流体受到的任何外力。

　　为了考虑流体的受热分析，将流体流动耦合到了能量守恒。使用 Boussinesq 近似来包含温度对速度场的影响。在这一近似中,温度变化会产生一个提升流体的浮力。

边界条件 1:Marangoni 效应在界面熔池液面上产生的力用下式描述:

$$\sigma_t = \frac{\partial \gamma}{\partial T} \vec{\nabla} T \cdot \vec{t} \tag{6-2}$$

式中　γ——表面张力系数,N/(m·K);

　　　T——温度,K;

　　　$\vec{\nabla} T$——沿表面的温度梯度,K/m;

　　　t——时间,s。

表明熔池液面上表面张力与温度梯度和作用时间成正比。

边界条件 2:在非等温流动窗口中设置 Boussinesq 选项。在层流的物理模型设置窗口勾选包含重力来考虑重力的影响。

边界条件 3:熔池边界温度设置。设置完毕后划分网格,采用非线性求解器来求解耦合系统。不同温差下 Marangoni 效应如图 6-2 所示。

可以看出,随着温度梯度的不断加大,Marangoni 效应越来越明显,熔池的对流和搅拌逐渐强烈,左右两侧两个对称的环流非常明显。通过流速可以看出,同一熔池内最高流速在液相表层,远离光斑中心后流速逐渐降低。平均流速在 1~2 m/s,最高流速在熔池表层液面可达 10 m/s 以上,相比激光扫描速度 6~12 mm/s 来讲,高出 2~3 个量级,足以说明这种强烈的对流和搅拌是涂层中成分均匀化的主要驱动力。

上述仅对静止激光束作用下的熔池对流进行探讨,实际上在移动激光束作用下,熔池中的对流更为复杂,但其基本的驱动力依然为表面张力梯度。正是由于激光熔池的对流、搅拌使得溶质再分布,同时涂层中气孔、裂纹等缺陷消除,且与基体形成冶金结合。从上述分析可以看出,熔池对流特征主要取决于激光功率密度和交互作用时间。激光功率密度越大,$\partial \sigma / \partial T$ 越大,高度差 Δh 也越大,熔池对流速度越快;激光作用时间越长,熔池的搅拌时间越长。因此,激光功率、扫描速度、光斑直径三者所决定的比能量对激光熔池的形成和发展至关重要。

$$激光比能量 \propto \frac{P}{vD} \tag{6-3}$$

式中　P——激光功率,W;

　　　v——激光扫描速度,mm/min;

　　　D——激光光斑直径,mm。

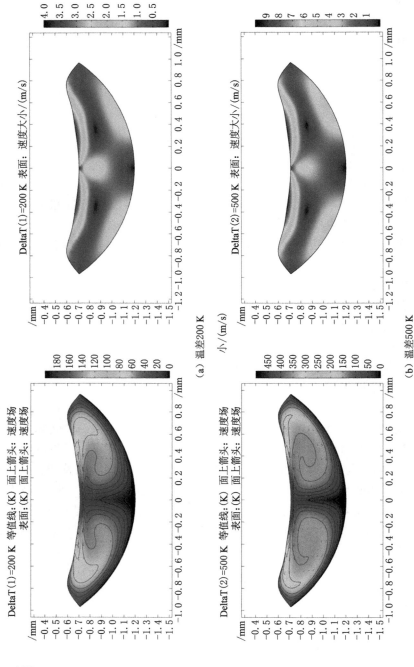

（a）温差200 K

（b）温差500 K

图6-2 不同温差下激光熔池内Marangoni效应

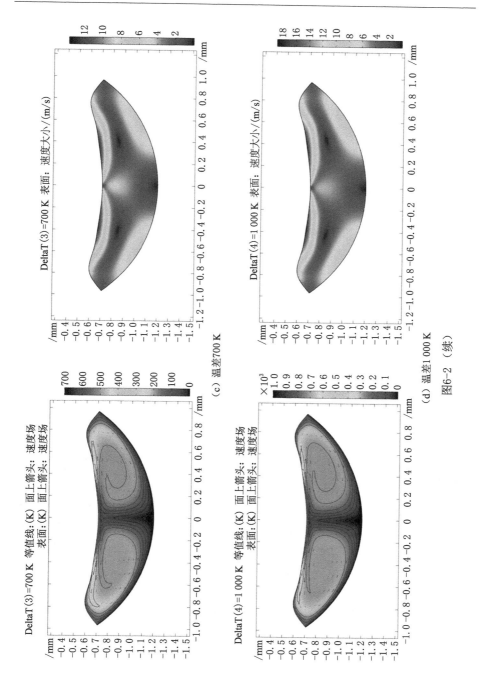

(c) 温差700 K

(d) 温差1 000 K

图6-2 （续）

经过合理的选择和优化工艺参数即可获得合适的对流强度,从而有利于涂层的均匀化。

6.1.2 影响激光重熔涂层质量的若干关键因素分析

激光重熔层的表面形貌/内部形态、应力状态/裂纹、气孔、稀释率及搭接率等因素都在一定程度上决定了最终重熔层的质量和涂层综合性能。

激光重熔后表面形貌决定了涂层的表面粗糙度,一般可分为熔化不足、临界熔化、充分熔化和过度熔化。正常熔化一般在其表面呈现规律的波纹状。波纹间距大致相等,并弯向激光扫描反方向。波纹形貌从宏观上表征了激光熔池的流动机制和熔化过程的周期性变化。有关波纹的形成机制有:表面张力梯度驱动熔池说、张力差与界面能说、蒸汽压力说、熔池间断熔化说等几种学说。虽然这几种形成机理都无法进行试验验证,但第一种学说目前被广为接受,在分析表面波纹成因和影响等方面具有重要的指导意义[167]。该学说认为,表面张力驱动的熔池对流是表面波纹形成的主要原因。在激光束扫描过程中光束前缘熔化,后缘对流搅拌使得液面凸起产生高低差,在后续急冷过程中被冻结从而形成波纹,如图 6-3 所示,波纹的弯曲方向与激光束运动方向相反。重熔层表面形貌与工艺参数密切相关,确切来讲主要取决于式(6-3)中的三个参数配比。激光比能量越小,涂层熔化不足或只有表层熔化,形成的重熔道较窄,熔深较浅且几乎没有热影响区域,随着比能量增加重熔道逐渐增宽,熔深增加,热影响区域逐渐增加;激光比能量过大则涂层温度过高,容易气化,甚至产生较多孔洞,如图 6-4 所示。

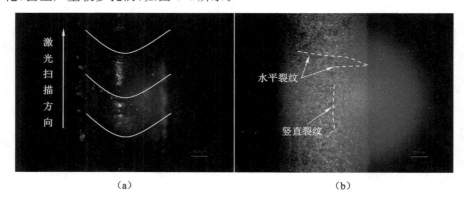

(a)   (b)

图 6-3 激光重熔过程中表面波纹及裂纹

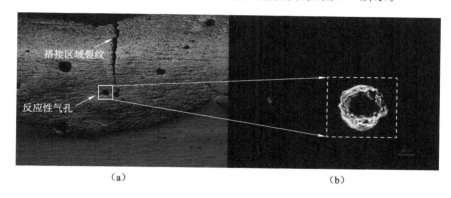

图 6-4　激光重熔层孔洞宏观形貌

激光重熔过程中涂层内部及基体间产生极大的温度梯度,两者之间线膨胀系数等热物性参数的差异容易导体积膨胀收缩不同步,从而形成较大的内应力。当局部拉应力超过材料的强度时很容易出现裂纹,如图 6-3(b)所示。除表面裂纹外,在扫描道搭接区域也容易产生裂纹,如图 6-5 所示。

搭接区域裂纹

反应性气孔

（a）　　　　　　　　　　　（b）

图 6-5　扫描搭接区域裂纹及孔洞

此外,激光重熔层中还经常出现气孔,形状与热喷涂孔隙的扁形孔隙差异很大,基本呈圆球形,分布位置多在涂层的中、下部,极少数在表层,如图 6-5所示,多在熔池边缘聚集。分析认为:主要是重熔过程中熔池存在时间极短且产生的气体来不及逸出便凝固在涂层中。对于 WC-Co 涂层激光重熔过程中WC 的溶解或分解产生了 C,而 C 与 O 发生造气反应形成了反应性气孔。这种孔隙的形成机制和热喷涂工艺完全不同。

球形气孔与热喷涂扁形孔隙形状不同,也就减小了应力集中的可能性,但如果气孔较多,而且相邻交叉,则在交叉尖端处同样会成为裂纹萌生和扩展的通道。

综上所述,对于裂纹及气孔缺陷的控制,除合理调控材料成分、匹配工艺参数外,目前最为可行也最为有效的方法就是对基体进行预热和后热处理。在预热平台上将基体和涂层整体加热到一定的温度,可以有效降低加工中的温度梯度从而降低内应力;可以增加熔池液相停留时间从而有利于气泡逸出或杂质的排除,最终减小孔隙率。经过反复探索,本书最终确定了获得高质量重熔层的工艺路线:基体及涂层整体预热至 350 ℃→激光重熔→150 ℃保温 1 h→石棉包裹冷却至室温。

此外,稀释率和搭接率也会影响激光重熔层的质量。要想获得冶金结合的重熔层,必须使基体熔化一定厚度,但同时要尽量减小基体稀释给涂层带来的影响。搭接率是影响重熔层表面宏观平整度的主要参数,搭接率过小相邻两重熔道不能充分熔化,不能形成冶金结合;搭接率过大会使重熔道出现斜坡效应且效率低下。

6.2 激光重熔过程有限元仿真

有限元模型基于以下假设:① 材料各向同性;② 固相和液相均考虑为连续介质;③ 不考虑 Marangoni 效应。

6.2.1 数学模型

激光重熔过程是一个瞬态热传导过程,如图 6-6 所示,温度场的分布可以在适当的边界条件下由热传导控制方程计算获得。热传导过程可通过傅里叶热传导定律来描述:

$$\begin{cases} \rho c_p(T) \dfrac{\partial T}{\partial t} + \rho c_p(T) \vec{v} \cdot \nabla T = \nabla \cdot \lambda(T) \nabla T \\[2mm] Q(x,y,z) = \rho c_p(T) \dfrac{\partial T}{\partial t} \end{cases} \tag{6-4}$$

式中　$c_p(T)$、$\lambda(T)$——随温度变化的比热容和热传导系数,它们是温度 T 的函数;

　　　ρ、t 和 ∇——密度、加热时间和梯度算子;

　　　$Q(x,y,z)$——激光辐照产生的生热率;

　　　x、y、z——空间三个方向坐标。

6.2.2 移动热源、边界条件及相变潜热处理等关键问题处理

激光重熔过程中由激光诱导的加热通常被认为是具有一定速度的表面热源,并以热流密度的形式完成涂层表面的热输入,具有高斯分布特征的激光热源可以表示为[168]:

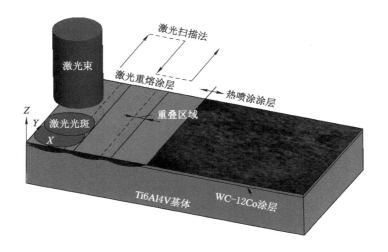

图 6-6　激光重熔 HVOF 涂层过程示意图

$$\begin{cases} Q = \dfrac{2AP}{\pi r_{\mathrm{b}}^2} \exp\left(-\dfrac{2r^2}{r_{\mathrm{b}}^2}\right) \\ r^2 = (x - x_0)^2 + (y - vt - y_0)^2 \end{cases} \tag{6-5}$$

式中　P——激光功率；

　　　A——涂层对激光的吸收率，通常由涂层表面粗糙度、物理性质和激光波长决定[169]（取 0.5）；

　　　r_{b}——激光光斑半径；

　　　r——任一时刻到光斑中心 (x_0, y_0) 的距离；

　　　v——激光扫描速度；

　　　t——激光加热时间。

　　实际加工过程中激光束在涂层表面按照一定的路径连续移动，有限元模拟中需要通过 ANSYS 参数化设计语言来实现，其实质是将空间域离散到时间域，通过设定微小的时间步长 Δt 循环加载来替代实际的连续移动。

　　综合考虑实际加工过程边界条件设定如下：

　　加工过程分为不预热（室温）和预热下进行，因此工件的初始温度设为：

$$T(x, y, z, 0) = T_0 \,\&\, T_0' \tag{6-6}$$

式中　T_0——室温 20 ℃；

　　　T_0'——实际预热温度。

在 ANSYS 中热对流和热流密度不能同时施加在同一个表面,因此在激光重熔表面(工件上表面)必须通过设定表面效应单元来实现两种载荷的同时施加[170]。采用 3D 表面效应单元 SURF152 来处理涂层表面的热辐射和热对流。模拟中将热辐射和热对流考虑成一个统一的边界条件,总的换热系数可以用下式描述[171]:

$$\alpha_h = \begin{cases} 0.066\,8T, & T_0 < T < 773\text{ K} \\ 0.231T - 82.1, & T \geqslant 773\text{ K} \end{cases} \tag{6-7}$$

式中　α_h——总的换热系数,$W/(m^2/K)$;

　　　T——温度。

工件的侧面和底面,通过自然对流和辐射来考虑:

$$-k\frac{\partial T}{\partial n} = h(T_h - T) + \sigma\varepsilon_s(T^4 - T_h^4) \tag{6-8}$$

式中　k——热传导率;

　　　h——自然对流状态下的换热系数,约为 20 $W/(m^2/K)$;

　　　σ——Stefan-Boltzmnn 常数,一般为 5.67×10^{-8} $W/(m^2/K^4)$;

　　　T_h——初始环境温度;

　　　ε_s——辐射率,取 $\varepsilon_s = 0.9$。

相变潜热的处理见 3.3.1 小节,由涂层孔隙率引起的密度、热传导系数和比热容等热物性参数的折算详见 3.3.2 小节。随温度变化的涂层及基体的热物性参数详见 2.1.1 和 3.3.2 小节数据及参考文献。根据前述文献分析微米和微纳米粉末热物性参数差异并不明显,因此在模拟时以微米涂层为例。

6.2.3　有限元模型的建立

根据实际工况建模,WC-12Co 涂层厚度为 0.25~0.45 mm,基体厚度为 5 mm。由于涂层与基体界面实际形状为曲线,模型中以正弦曲线替代。采用 SOLID70 热分析单元对涂层和基体进行网格划分,采用 SOLID90 单元对基体对进行过渡网格划分。综合考虑计算速度和时间,以 1/2 模型进行有限元分析,尺寸为 50 mm×30 mm×(实际涂层厚度+基体) mm。选择光斑直径的 1/6,即 0.5 mm 作为涂层和基体表层的网格尺寸,其他区域依次增大,整个有限元模型共计 46 593 个单元和 40 330 个节点,如图 6-7 所示。根据前期试验并综合考虑激光加工系统性能和稳定性,模拟参数选取如下:激光功率 400~1 000 W,光斑直径 3 mm,离焦量 2 mm,扫描速度 6~12 mm/s,多道重熔过程中搭接率 50%,具体工艺参数见表 6-1。

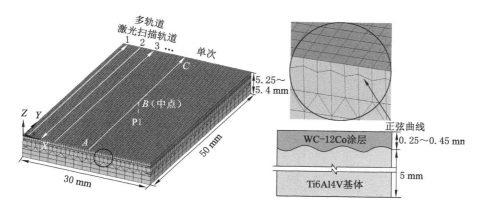

图 6-7   激光重熔有限元模型

表 6-1   激光重熔工艺参数

样件号	激光功率 /W	扫描速度 /(mm/s)	光斑直径 /mm	离焦量 /2 mm	激光比能量 /(J/mm²)
LR1	1 000	9	3	2	37.0
LR2	700	9	3	2	25.9
LR3	400	9	3	2	14.8
LR4	400	6	3	2	22.2
LR5	400	12	3	2	11.1

　　为便于分析做如下约定:激光单道重熔时单一扫描道位于模型正中心,多道重熔时按照实际工况从坐标原点开始采用 Z 字形扫描方式。点 A、B、C 分别为单道扫描线的起始点、中点和终点。路径 P1 为中点 B 处垂直向下,便于分析重熔深度。扫描道 1,2,3,… 为多道重熔时的轨迹。

6.3   模拟结果分析及验证

　　图 6-8 所示为中点时刻激光重熔温度场分布及熔池形状。可以看出,在移动激光束的扫描下激光动态熔池表面呈勺形分布[图 6-8(a)],瞬态立体形状呈椭球状[图 6-8(b)],熔池前端温度梯度较大、后端温度梯度较小,这是由于激光束的快速移动造成的,表现出了明显的动态特征。最高温度并不在激光光斑中心,而是略微滞后。最高温度高达 2 439.62 ℃,已经远超 Co 相的熔

点,液相开始形成。但未超过 WC 颗粒的熔点,因此 WC 颗粒不会分解。随着激光重熔的进行,基体温度逐渐增加。从热流密度分布可以看出,热量从激光光斑中心向周围传导,熔池由中心向周围形成[图 6-8(c)],温度梯度方向与热流密度方向相反[图 6-8(d)],从熔池中心到边缘温度梯度逐渐下降,正是这种温度梯度不同导致的表面张力差驱动熔池对流传热传质。

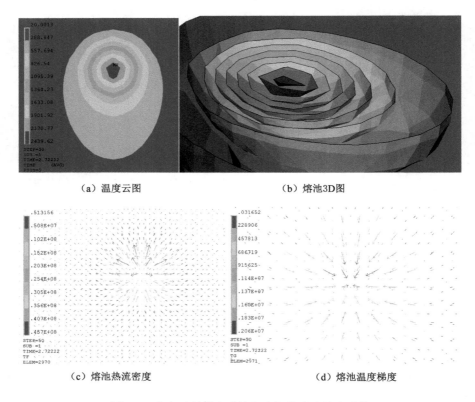

（a）温度云图　　　　　　　　　　　　（b）熔池3D图

（c）熔池热流密度　　　　　　　　　　（d）熔池温度梯度

图 6-8　中点时刻激光重熔温度场分布及熔池形状

图 6-9 所示为点 A、B、C 三点温度及温度梯度曲线。在图 6-9(a)中以点 A 为例,可以看出在 0.5 s 时刻温度急剧上升到 2 393.43 ℃,加热速度约 4.8×10^3 ℃/s,1 s 时刻温度迅速下降到 289 ℃,冷却速度也在 10^3 ℃/s 量级,反映出激光加工急热急冷的特点。随着重熔时间的增加,同一扫描道上温度有所增加,最高温度分别为 2 393.43 ℃、2 439.62 ℃和 2 442.67 ℃,重熔时间越长温度梯度越小,这由于前一时刻的扫描为后续重熔提供了预热,缩小了温

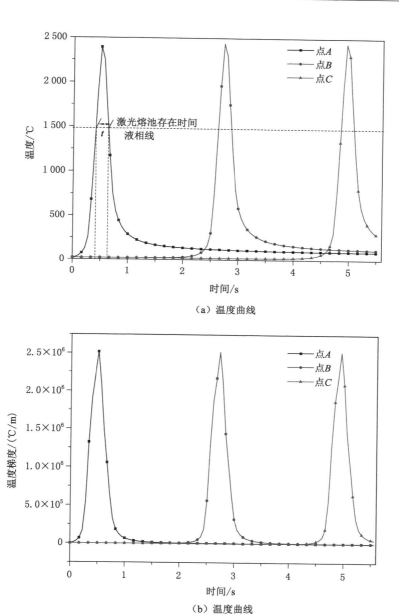

（a）温度曲线

（b）温度曲线

图 6-9　点 A、B、C 温度及温度梯度曲线

度梯度,同时周边环境的热对流随着温度升高散热加快,温度越来越均衡,也反映了加工的稳定性。通过图 6-9(b)可以看出,加工过程中产生了较大的温度梯度,约为 2.5×10^6 ℃/m,但随着加工的进行,温度梯度逐渐趋于均衡。通过查看节点温度,可计算出激光熔池存在时间约为 0.2 s。

图 6-10 所示为垂直扫描方向过光斑中心温度分布。通过查看节点温度计算超过 Co 相熔点宽度约为 2.18 mm,根据前述分析 WC-12Co 涂层中低熔点的黏结相 Co 先熔化,这意味着熔池宽度为 2.18 mm。

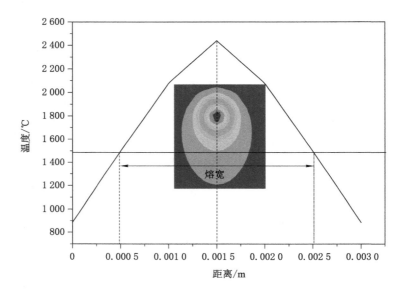

图 6-10　垂直扫描方向过光斑中心温度分布

图 6-11 所示为路径 1 温度及温度梯度分布。通过查看节点温度计算涂层的熔深约为 0.435 mm。观察 X、Y、Z 三个方向温度梯度发现,与其他两个方向相比,Z 向温度梯度占绝对优势,这意味着在冷却过程中热量的散失主要以 Z 向为主。

图 6-12 所示为熔宽及熔池模拟形状和实际形状对比。可以看出,有限元模拟的激光熔池形状和实际形状非常吻合,在 Image Pro Plus 6.0 中测量深度发现两者熔深基本相同,测量多处熔宽取均值约为 2.2 mm,与模拟值非常接近。说明了有限元模型的可靠性,采用该模型完全可以进行实际加工过程中工艺参数的预测和优化。

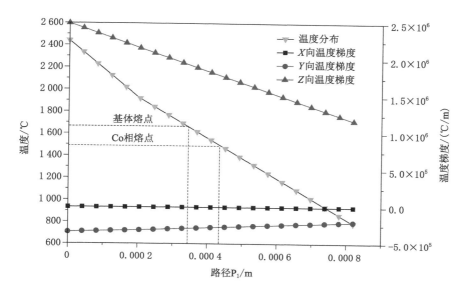

图 6-11　路径 1 温度及温度梯度分布

（a）熔宽对比　　　　　　　　　（b）熔深对比

图 6-12　熔池模拟形状和试验形状对比

　　图 6-12 中熔池周边出现大量孔隙是由于反应性气体来不及逸出遇到周围冷基体,迅速冷却,气孔便留在涂层内,这种问题通过预热和多道搭接重熔是完全可以解决的。

如图 6-13 所示的激光重熔层微观形貌(熔池中上部),可以看出重熔层完全致密,没有任何孔隙[图 6-13(a)],这说明激光重熔工艺是完全可以用于热喷涂涂层的孔隙消除,尤其适合孔隙率较高的热喷涂工艺,如大气等离子喷涂。由图 6-13(b)背散射图可以看出,重熔层微观组织和超音速喷涂差异很大,WC 颗粒比热喷涂涂层更大,分析认为主要是激光重熔过程中 WC 颗粒分解或溶解较多,凝固时是以 WC 颗粒为核心而析出[172-173],从而形成较为粗大和棱角更加分明的 WC 颗粒,主要以块状、条状等形状分布。

 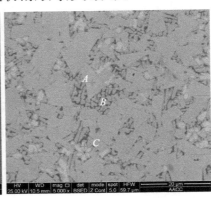

(a) 激光重熔层SEM图　　　　　　　(b) 激光重熔层BSD图

图 6-13　激光重熔层微观形貌

结合表 6-2 中能谱分析结果可以看出,点 A 和点 C 处的 W 含量与 C 含量基本相同,基本都是富 W 相,Co 含量较少;而点 B 处 Co 含量明显高于其他两点,再对照原子百分比可以认为点 A 和点 C 两处应该是 $WC + WC_{1-x}$ 的共晶组织,点 B 处应该是黏结相 Co 与其他元素所形成的固溶体。

表 6-2　激光重熔层不同点处能谱

位置	点 A		点 B		点 C	
元素	重量百分比/%	原子百分比/%	重量百分比/%	原子百分比/%	重量百分比/%	原子百分比/%
W	91.20	41.64	52.33	19.96	89.59	39.64
C	8.24	57.57	5.02	29.30	8.53	57.77
Co	0.56	0.79	42.65	50.74	1.88	2.59
总计	100.00	100.00	100.00	100.00	100.00	100.00

不同激光重熔参数下熔池特征对比见表 6-3。可以看出，由于 LR3～LR5 三组工艺参数的激光比能较低，涂层根本不能熔化，只能超过材料相变点，无法形成熔池。

表 6-3　不同激光重熔工艺参数下熔池特征对比

样件号	熔深（模拟值）/mm	熔宽（模拟值）/mm	熔深（试验值）/mm	熔宽（试验值）/mm	最高温度/℃	熔池存在时间/s
LR1	0.68	2.75	0.61	2.8	3 530.59	0.31
LR2	0.435	2.18	0.438	2.2	2 439.62	0.2
LR3	/	/	/	/	1 381.27	0
LR4	/	/	/	/	1 453.33	0
LR5	/	/	/	/	1 367.83	0
LR2（预热）	0.65	2.57			2 827.59	0.3

对比图 6-12(a)发现这三组工艺参数下的重熔道确实无熔凝特征。而 LR1 参数下由于比能过高，温度已高于 WC 熔点，造成 WC 严重分解。在 LR2 参数下预热 350 ℃发现熔深、熔宽均增大，最令人关注的是激光熔池存在时间大大延长，几乎和功率 1 000 W 下熔池存在时间相同，但最高温度并未超过 WC 分解温度。相对于单纯提高功率而言预热更能在保证 WC 不分解的前提下延长熔池存在和对流搅拌时间，这是涂层成分均匀化的前提。

关于多道激光重熔对熔池温度场的影响规律已在前期研究成果中详细论述[174]。主要结论如下：① 随着扫描道的增多，基体温度越来越高，直至平衡；② 前一道扫描对后续扫描有预热作用，温度梯度越来越小；③ 搭接率对于多道重熔至关重要。

基体的熔点为 1 668 ℃，比 Co 相熔点（1 495 ℃）要高很多，根据有限元模拟，要保证基体熔化，涂层所需厚度约为 0.3 mm，同时要注意预热对温度场的补充加热和熔池存在时间影响较大。因此，激光重熔过程中须要考虑涂层厚度，协调好工艺参数之间的关系。对于较厚涂层，一次可能重熔不透，可采用多次重熔方式进行。综合上述考虑，确定大面积重熔较优的工艺参数为：激光功率 600 W，扫描速度 9 mm/s，光斑直径 3 mm，离焦量 2 mm，重熔前预热 350 ℃，重熔后 150 ℃保温 1 h，然后石棉包裹冷却至室温。按照上述参数和工艺对 HVOF 喷涂微米及微纳米涂层进行了激光多道重熔，宏观形貌如图 6-14

所示。可以看出,在此工艺参数下两种涂层都无翘曲变形、开裂、脱落等宏观缺陷,也看不到裂纹,微纳米重熔层表面更为平整。

（a）微米涂层　　　　　　　　（b）微纳米涂层

图 6-14　激光多道重熔 HVOF 喷涂涂层宏观形貌

6.4　激光重熔层微观形貌及界面分析

6.4.1　微米涂层

图 6-15 所示为微米涂层激光重熔微观形貌。可以看出,整个重熔层几乎全致密,无任何明显孔隙[图 6-15(a)]。涂层与基体间有明显的亮白带,说明两者完全实现了冶金结合[175-176][图 6-15(b)]。整体来看,在涂层顶部和中部,组织较为细小、均匀。在激光熔池的对流和搅拌下溶质进行流动和再分配,涂层中的 W、Co 元素向下流动,与基体元素充分互溶。同时由于 WC 颗粒比重较大,容易发生沉降,因此熔池底部 WC 颗粒较多,如图 6-15(b)所示,容易造成 W 的富集,在熔池底部形成了分界较为明显的组织形态,如图 6-15(c)所示。在高倍下可以看出,上部黑色组织多以树枝晶为主,下部白色组织比较富集,以花瓣状为主,如图 6-15(d)所示。

高倍下黑色和白色组织形貌如图 6-15(e)和(f)所示,黑色树枝晶明显凸起,尺寸都在 2～5 μm 以上。结合图 6-16 中能谱分析,白色物质应该是 WC 溶解或分解再冷却时的析出物,W 元素在激光熔池底部产生富集,基体元素与涂层中 W、Co 等元素均发生互溶,形成了牢固的冶金结合。结合图 6-17 能谱分析结果,基本可以断定黑色的枝晶为黏结相 Co 与基体中的 Ti、Al、V 等元素形成的固溶体。

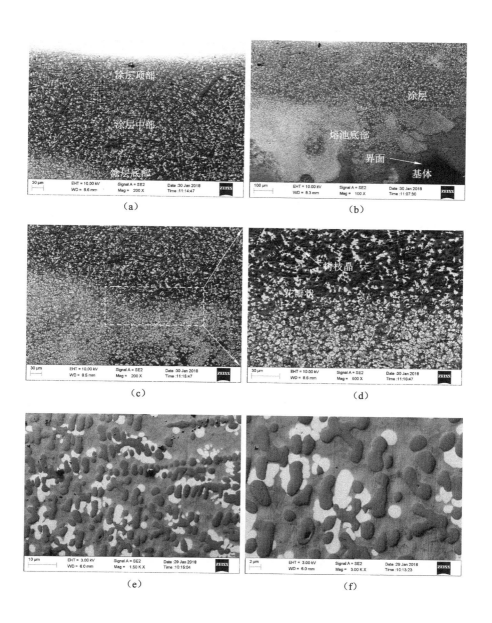

图 6-15　微米涂层激光重熔微观形貌

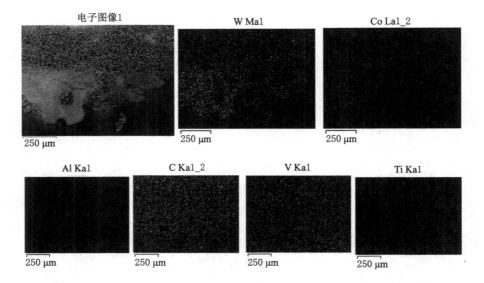

图 6-16   微米激光重熔层熔池底部面能谱

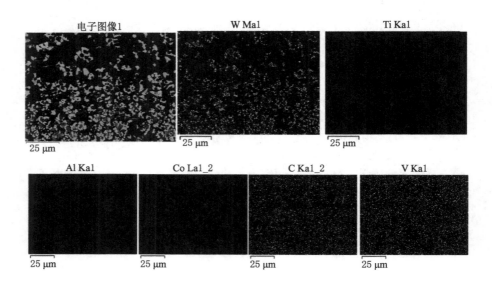

图 6-17   微米激光重熔层熔池中下部面能谱

6.4.2　微纳米涂层

图 6-18 所示为微纳米涂层激光重熔微观形貌。

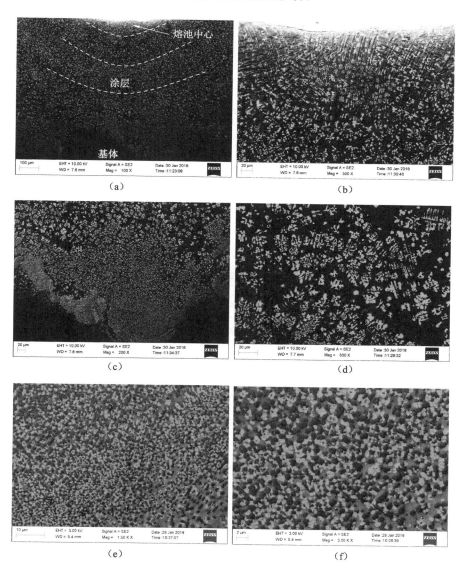

图 6-18　微纳米涂层激光重熔微观形貌

由图 6-18(a)可以看出,重熔层无任何孔隙,组织细化、均匀。与基体结合处呈现明显的亮白带,说明形成了冶金结合。这一点从图 6-19 涂层-基体结合处的能谱也能证实,两者之间的元素发生了互溶,形成了牢固的冶金结合。还可看出,以激光熔池为中心组织呈圆弧状梯度发散,熔池中上部涂层组织主要以树枝晶为主[图 6-18(b)]。与基体结合处 W 元素较为富集,以树枝晶和花瓣状组织为主,如图 6-18(c)和(d)所示。对比发现,微纳米重熔层并没有微米重熔层组织不均匀的分界现象[图 6-15(d)]。说明激光重熔后微纳米涂层组织依然非常均匀。观察图 6-18(e)和(f)可以发现,黑色组织和白色组织分布非常均匀,相比微米涂层的激光重熔,晶粒更加细化,大部分在 1 μm 以下。结合图 6-20 能谱分析,基本可以断定黑色的组织为黏结相 Co 与基体中的 Ti、Al、V 等元素形成的固溶体。碳化物增强相的固溶强化及所析出枝晶的弥散强化作用都会进一步提高涂层硬度。此外,熔池的快速熔凝使涂层组织细化所产生的细晶强化作用,特别是微纳米涂层中组织更加细化,也将会进一步提升涂层的硬度和耐磨性等。

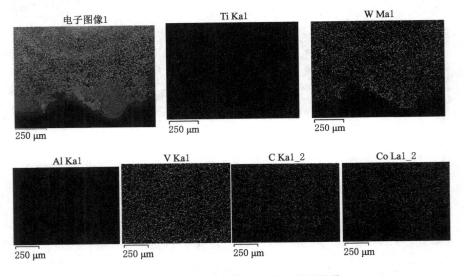

图 6-19　微米激光重熔层熔池底部面能谱

综上所述,采用激光重熔技术在合适的工艺参数下,完全可以实现热喷涂涂层与基体间界面结合方式的转变,同时还能将热喷涂涂层中的孔隙及裂纹等缺陷通过激光熔池的对流、搅拌、溶质再分布等方式进行消除,最终获得性能优异的金属表面涂层,实现钛合金表面综合性能的大幅度提升。

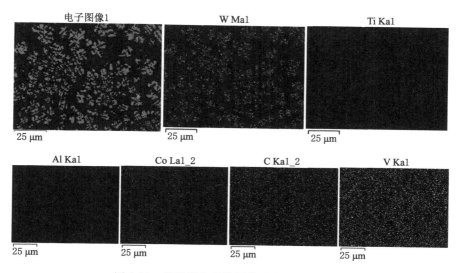

图 6-20　微米激光重熔层熔池中下部面能谱

6.5　本章小结

① 基于 COMSOL Multiphysics 平台建立与实际工况相一致的激光熔池截面,采用流体传热模块、层流模块综合考虑 Marangoni 效应和重力模拟 Marangoni 效应产生的多物理场特征。分析了温度梯度对熔池对流的影响规律。模拟结果表明:a. Marangoni 效应与温度梯度成正比,随着温度梯度的增加而增强,而温度梯度取决于激光功率、扫描速度和光斑直径的比能量;b. 相比激光扫描速度,熔池对流产生的液相流速比其高出 2～3 个量级,强烈的对流和搅拌是涂层中成分均匀化的主要驱动力。

② 建立了与实际工艺相一致的激光重熔热喷涂涂层三维温度场有限元模型。详细分析了重熔过程中熔池加热冷却规律,探讨了不同工艺参数及预热对温度场的影响规律。验证了有限元模型的可靠性,为工艺参数选择提供了理论依据。

③ 依据有限元模拟结果选择了工艺参数,并进行了微米及微纳米涂层的激光重熔试验。结果表明,激光重熔后两种涂层的组织变得细密和均匀,无孔隙。相比而言,微纳米涂层的组织更加细化。微观结构和能谱分析结果表明,重熔层与基体完全实现了冶金结合,说明采用激光重熔技术完全可以对热喷涂涂层的性能进行进一步提升。

第7章　总结与展望

7.1　总结

为提高 Ti6Al4V 钛合金耐磨性,采用超音速火焰喷涂技术分别制备了微米和微纳米结构高性能金属陶瓷涂层,对比分析了材料特性和工艺参数对涂层微观结构和性能的影响规律,明确了涂层及基体的磨损机理。建立了工艺参数与涂层质量间的数学模型,实现了涂层质量预测和优化。采用激光重熔技术实现了涂层和基体间界面行为的转变。主要完成的工作及所取得的结论如下:

① 详细分析了超音速火焰喷涂制备微米和微纳米 WC-12Co 金属陶瓷涂层的现状及技术优势,基于傅里叶热传导理论建立了单个 WC-12Co 粉末颗粒飞行加热的有限元模型。深入分析了粒子的加热熔化规律,研究了颗粒直径、喷涂距离、飞行速度之间的相互影响关系,探讨了微米和微纳米粉末之间的传热特性区别,区分了等温熔化和梯度熔化两种粉末熔化模式。建立了 HVOF 喷涂 WC-12Co 颗粒熔化理论模型,为喷涂工艺参数选择和优化及粉末粒度范围筛选提供了依据。

② 通过理论计算验证了喷涂粒子的时空独立性。以单个粒子飞行加速、加热、熔融、碰撞、铺展和凝固为主线,分析了涂层形成机制。两种 WC-12Co 粉末扁平化后均呈现薄饼状和花瓣状,个别粒子撞击反弹后存在碗形坑。涂层与基体间以机械结合为主。分析了涂层孔隙的形成机理,采用统计学手段探求了涂层原生性微观结构的不均匀性,采用孔隙形状系数对孔隙类别进行了表征。掌握了涂层中孔隙类别及比例,明确了两种涂层的孔隙率均由小孔隙贡献。试验表明,微纳米粉末的熔化程度和铺展程度好于微米涂层。

③ 采用超音速火焰喷涂工艺成功制备了微米和微纳米 WC-12Co 涂层,

对比分析了粉末特性和工艺参数对涂层微观组织、摩擦学性能和物理力学性能的影响。

④ 涂层的综合性能对粉末特性和工艺参数具有强烈的依赖性。两种涂层都出现不同程度的 WC 分解或溶解，但比重较小。微纳米涂层中以亚微米、纳米尺度 WC 颗粒为主，微米涂层以微米、亚微米尺寸为主。相对于微米涂层，微纳米涂层孔隙率和摩擦因数都非常小，显微硬度较高，磨损量均小于微米涂层。微纳米涂层具备更优异的抗弹性变形能力。涂层强化机制主要为弥散强化、细晶强化和固溶强化。基体和涂层磨损机制明显不同，Ti6Al4V 基体主要以磨粒磨损、黏着磨损为主，氧化磨损为辅。微米涂层表现为以微切削和剥层为主的磨粒磨损机制，而微纳米涂层主要是以微切削为主的磨粒磨损机制。现有工艺参数下两种涂层最小磨损量分别为 10.9 mg 和 6.8 mg，分别为基体的 0.2 倍和 0.13 倍，微米涂层磨损量是微纳米涂层的 1.6 倍。两种涂层都表现出了极优异的耐磨性，其中微纳米涂层更具优势。采用原子力显微镜从纳米尺度上进一步明确了涂层表面粗糙度的来源及 WC 颗粒在磨损过程中所起的关键作用。

⑤ 涂层残余应力高度依赖工艺参数不同引起的颗粒传热特征和动量传输特征。两种涂层中残余应力状态均为压应力，但幅值不同，微纳米涂层压应力约为微米涂层的 2 倍。通过超音速喷涂和等离子喷涂不同工艺试验对比发现：WC-12Co 涂层中残余压应力的产生主要由未熔化的 WC 颗粒产生的喷丸效应引起，与喷涂工艺无关。

⑥ 建立了工艺参数和涂层质量间的多元回归数学模型，并对模型进行显著性检验，通过试验验证了数学模型的可靠性。基于所建立的数学模型采用改进单纯形算法实现了自变量范围内的工艺参数全局寻优，优化后的涂层质量明显好于正交试验最优工艺参数组合下的涂层质量。为涂层加工过程中的质量预测、优化和控制提供了切实可行且新颖的思路。

⑦ 基于 COMSOL Multiphysics 平台建立了与实际工况相一致的激光熔池模型，综合考虑 Marangoni 效应和重力模拟了 Marangoni 效应产生的多物理场特征。分析了温度梯度对熔池对流的影响规律，为掌握熔池对流机制和涂层成分均匀化提供了理论基础。基于 ANSYS 的 APDL 语言建立了激光重熔 HVOF 喷涂涂层三维温度场有限元模型。获得了激光熔池加热和冷却规律，熔池存在时间、熔深和熔宽等系列熔池信息，为工艺参数的选择和优化提供了技术支持。激光重熔试验表明，在合适的工艺参数下可以获得高质量的重熔层。

⑧ 涂层各项性能测试表明,超音速火焰喷涂技术非常适合制备微纳米 WC-Co 系列涂层,可有效提高基体表面耐磨性。与传统微米结构涂层相比,微纳米结构涂层诸多性能方面得到提升。通过优选工艺参数经激光重熔后涂层几乎全致密并实现了冶金结合。因此,采用激光重熔-热喷涂组合工艺是改善基体表面综合性能的有效途径。

7.2　主要创新点

① 基于 HVOF 喷涂粒子动量传输特征的分析,验证了粒子的时空独立性。建立了飞行粒子加热熔化有限元模型,定量研究并揭示了粉末粒径对熔化模式演变的影响。采用理论分析、数值模拟和试验相结合的综合手段建立了 WC-12Co 粉末的颗粒熔化机制理论模型,克服了单一研究手段的不足,为粉末粒度和工艺参数的选择及优化提供了依据。建立了涂层残余应力计算模型,为揭示材料和工艺因素对其贡献大小提供了依据。采用统计学手段表征了涂层原生性微观缺陷的不均性,定量研究了孔隙的尺寸类型和分布,为研究孔隙对涂层质量的影响提供了依据。

② 采用 HVOF 工艺成功制备了微米尺度及微纳米尺度涂层。利用其高速特性和优化工艺参数最大化保留了纳米结构,证实了 HVOF 工艺制备微纳米结构乃至纳米结构涂层是完全可行的。综合考察摩擦过程中的动态特征及摩擦后的静态特征,准确描述了基体及涂层的磨损机理;通过建立的残余应力计算模型和不同工艺对比,明确了喷丸应力是涂层中残余压应力的主要贡献;建立了宏观和微观相统一的研究思路,为揭示涂层的耐磨特性和增强机制提供了理论依据。

③ 建立了超音速火焰喷涂工艺参数和涂层质量间的多元回归数学模型,辨识了工艺参数与涂层质量间的内在关系,实现了涂层质量的预测和优化,为提升和调控涂层质量提供了新的解决思路和有效方法。

④ 建立了 Marangoni 效应多物理耦合场模型,验证了激光熔池对流机制,明确了重熔层成分均匀化的主要驱动力。建立了热喷涂涂层的激光重熔三维温度场有限元模型,为深入研究激光重熔工艺对热喷涂涂层质量的影响提供了依据。探索出了获得高质量激光重熔 WC-12Co 涂层的技术路线:基体及涂层整体预热至 350 ℃→激光重熔→150 ℃保温 1 h→石棉包裹冷却至室温。

7.3 展望

采用 HVOF 喷涂工艺在 Ti6Al4V 基体上成功制备了微米及微纳米 WC-12Co 涂层,通过激光重熔技术实现了涂层-基体间的冶金结合。综合性能测试表明,超音速火焰喷涂和激光重熔技术相结合完全可以实现具有优异性能涂层的制备。尽管本书已经在机理分析、涂层制备工艺、性能检测和有限元模拟等方面做了一定的工作,然而很多地方需要加深和拓宽,还有很多富有意义和有趣的工作值得深入研究:

① 本书只考虑了定量添加纳米 WC 颗粒,限于成本和时间并没有讨论不同含量的纳米 WC 颗粒对于涂层性能的影响规律。

② 对于单个 WC-12Co 颗粒的飞行加热熔化模拟进行了适当简化,在一定程度上完全可以指导工艺参数选择,但未考虑颗粒四周高速气流的剪切力引起的液相流动对粉末熔化和传质带来的影响。同时,在模拟过程中只是采用孔隙率进行了折算热物性参数,并没有考虑孔隙实际的随机分布,采用多孔模型并考虑流体作用是后续研究的重点。

③ 超音速火焰喷涂工艺中燃料的混合比对焰流的速度和温度影响极大,目前常采用的大都是基于理论分析的定性研究,而采用数值模拟和试验相结合来定量掌握工艺参数对火焰焰流速度及粒子速度的影响规律将对涂层性能的提高有着积极意义。

④ 纳米颗粒在喷涂过程中是不希望长大的,在本研究中微纳米涂层中纳米颗粒确实保留了绝大部分,但纳米颗粒的分布并不均匀,在一定程度上会影响涂层的综合性能,如何借助其他技术手段,如超声振动、外加电磁场等复合能场技术来提高涂层组织特别是纳米晶的均匀性,对进一步提高涂层性能意义较大。

⑤ WC-12Co 涂层的使用温度在 540 ℃以下,本书只考虑了常温下涂层的耐磨性能,并未考察高温下涂层的摩擦学特性,特别是微纳米结构涂层的高温摩擦学特性。此外,对于涂层失效及失效机理并没有考察,在后续研究中这将是一项非常有意义且具有实用价值的工作。

⑥ 激光重熔过程温度场模拟中只考虑了熔池的传热,并没有考虑传质。在后续研究中可以同时考虑熔池的传热传质及速度场和浓度场的分布,使模拟工作更加符合实际工况。为更进一步研究激光重熔涂层的力学性能,在未来的工作中会考虑应力场的数值模拟。

参 考 文 献

［1］ ZHAO S，MENG F Y，FAN B L，et al.Evaluation of wear mechanism between TC4 titanium alloys and self-lubricating fabrics［J］.Wear，2023，
512/513：204532.

［2］ HERRERA P，HERNANDEZ-NAVA E，THORNTON R，et al. Abrasive
wear resistance of Ti-6Al-4V obtained by the conventional manufacturing
process and by electron beam melting （EBM）［J］.Wear，2023，524/525：
204879.

［3］ 刘全明，张朝晖，刘世锋，等.钛合金在航空航天及武器装备领域的应用与
发展［J］.钢铁研究学报，2015，27（3）：1-4.

［4］ 刘世锋，宋玺，薛彤，等.钛合金及钛基复合材料在航空航天的应用和发展
［J］.航空材料学报，2020，40（3）：77-94.

［5］ 李毅，赵永庆，曾卫东.航空钛合金的应用及发展趋势［J］.材料导报，2020，
34（S1）：280-282.

［6］ 林俊辉，淡振华，陆嘉飞，等.深海腐蚀环境下钛合金海洋腐蚀的发展现状
及展望［J］.稀有金属材料与工程，2020，49（3）：1090-1099.

［7］ 李新星.钛合金在不同滑动速度和介质下磨损行为和机制的研究［D］.镇
江：江苏大学，2016.

［8］ PHILIP J T，MATHEW J，KURIACHEN B.Tribology of Ti6Al4V：a review［J］.Friction，2019，7（6）：497-536.

［9］ ZHEVTUN I G，GORDIENKO P S，MASHTALYAR D V，et al.Tribological properties of Ti-TiC composite coatings on titanium alloys［J］.
Materials，2022，15（24）：8941.

［10］ ZHANG K，ZOU J，LI J，et al.Surface modification of TC4 Ti alloy by
laser cladding with TiC＋Ti powders［J］.Transactions of nonferrous

metals society of China,2010,20(11):2192-2197.

[11] 邢鹏,向宏辉,王标,等.可变环境条件下钛合金旋转摩擦着火试验研究[J].燃气涡轮试验与研究,2017,30(4):34-38.

[12] 白威,马廉洁,陈景强,等.钛合金与陶瓷配副干滑动摩擦磨损性能研究[J].润滑与密封,2020,45(6):49-53.

[13] 雷达,李永刚,李文辉,等.深冷处理对钛合金力学性能及摩擦磨损性能的影响[J].机械科学与技术,2021,40(4):306-310.

[14] 张志文,董秀萍,黄明吉,等.TC4 钛合金细丝摩擦磨损性能研究[J].粉末冶金技术,2023,41(2):108-115,130.

[15] STRAFFELINI G,MOLINARI A.Dry sliding wear of Ti-6Al-4V alloy as influenced by the counterface and sliding conditions[J].Wear,1999,236(1/2):328-338.

[16] STRAFFELINI G,MOLINARI A.Mild sliding wear of Fe-0.2%C, Ti-6%Al-4%V and Al-7072:a comparative study[J].Tribology letters, 2011,41(1):227-238.

[17] QIU M,ZHANG Y Z,ZHU J,et al.Correlation between the characteristics of the thermo-mechanical mixed layer and wear behaviour of Ti-6Al-4V alloy[J].Tribology letters,2006,22(3):227-231.

[18] XIE J C,HUANG Z Z,LU H F,et al.Additive manufacturing of tantalum-zirconium alloy coating for corrosion and wear application by laser directed energy deposition on Ti6Al4V[J].Surface and coatings technology,2021,411:127006.

[19] SAHOO R,JHA B B,SAHOO T K.Dry sliding wear behaviour of Ti-6Al-4V alloy consisting of bimodal microstructure[J].Transactions of the Indian institute of metals,2014,67(2):239-245.

[20] BUDZYNSKI P,KAMINSKI M,SUROWIEC Z,et al.Effect of carbon ion implantation and xenon ion irradiation on the tribological properties of titanium and Ti6Al4V alloy[J].Acta physica polonica A,2022,142(6):713-722.

[21] CHEN F F,YU S X,LU W Z,et al.Effect of rare earth elements on plasma electrolytic carbonitriding of Ti-6Al-4V alloy[J].Materials science and technology,2019,35(18):2275-2283.

[22] HE T,ZHYLINSKI V,VERESCHAKA A,et al.Comparison of the

mechanical properties and corrosion resistance of the Cr-CrN,Ti-TiN, Zr-ZrN,and Mo-MoN coatings[J].Coatings,2023,13(4):750.

[23] YOU A P,WANG N,CHEN Y N,et al.Effect of linear energy density on microstructure and wear resistance of WC-Co-Cr composite coating by laser cladding[J].Surface and coatings technology,2023,454:129185.

[24] LIN W T,LIN Z W,KUO T Y,et al.Mechanical and biological properties of atmospheric plasma-sprayed carbon nanotube-reinforced tantalum pentoxide composite coatings on Ti6Al4V alloy[J]. Surface and coatings technology, 2022,437:128356.

[25] FENG J, WANG J, YANG K, et al. Microstructure and performance of $YTaO_4$ coating deposited by atmospheric plasma spraying on TC4 titanium alloy surface[J].Surface and coatings technology,2022,431:128004.

[26] 纪朝辉,孙振,丁坤英,等.钛合金与 WC-17Co 涂层界面结合性能分析 [J].焊接学报,2017,38(2):5-9.

[27] DU P C,LIU C,HU H Y,et al.Study of the tribological properties of HVOF sprayed Ni-based coatings on Ti6Al4V titanium alloys[J].Coatings,2022,12(12):1977.

[28] 邵若男,贺甜甜,杜三明,等.铝合金表面 Al_2O_3-Ni 涂层的制备及耐磨性 研究[J].表面技术,2020,49(4):173-179.

[29] DEEPAK K G,HARPREET S,HARMESH K,et al.Slurry erosion behaviour of HVOF sprayed WC-10Co-4Cr and $Al_2O_3+13TiO_2$ coatings on a turbine steel[J].Wear,2012,289:46-57.

[30] 周志强,郝娇山,宋文文,等.钛合金表面等离子喷涂 Al_2O_3-40%TiO_2 陶 瓷涂层的高温摩擦磨损性能[J].表面技术,2023,52(7):1-14.

[31] 石颖,王泽华,张宇,等.ZL104 合金表面反应等离子喷涂 TiN 复相涂层 的组织和性能[J].机械工程材料,2020,44(4):72-77.

[32] PRASHAR G,VASUDEV H,THAKUR L.Influence of heat treatment on surface properties of HVOF deposited WC and Ni-based powder coatings:a review[J].Surface topography:metrology and properties, 2021,9(4):043002.

[33] MAHADE S,MULONE A,BJÖRKLUND S,et al.Investigating load-dependent wear behavior and degradation mechanisms in Cr_3C_2-NiCr coatings deposited by HVAF and HVOF[J].Journal of materials re-

search and technology,2021,15:4595-4609.

[34] LIU S P,MEI L,SHEN M X,et al.Effect of initial kinetic energy of Si$_3$N$_4$ ball on impact wear behavior of high-velocity oxygen fuel-sprayed WC-10Co-4Cr coating and medium-carbon steel[J].Journal of materials engineering and performance,2022:1-12.

[35] ZHAO L Y,ZHANG Z Q,WANG B,et al.Microstructure and sliding wear properties of WC-10Co-4Cr coatings on the inner surface of TC4 slender tube by HVOF[J].Materials letters,2022,328:133203.

[36] GARCÍA-RODRÍGUEZ S,LÓPEZ A J,BONACHE V,et al. Fabrication,wear,and corrosion resistance of HVOF sprayed WC-12Co on ZE41 magnesium alloy[J].Coatings,2020,10(5):502.

[37] MATTHEWS S,ANSBRO J,BERNDT C C,et al.Thermally induced metallurgical transformations in WC-17Co thermal spray coatings as a function of carbide dissolution:part 2-Heat-treated coatings[J].International journal of refractory metals and hard materials,2021,96:105486.

[38] CHEN X,LI C D,GAO Q Q,et al.Comparison of microstructure,microhardness,fracture toughness,and abrasive wear of WC-17Co coatings formed in various spraying ways[J].Coatings,2022,12(6):814.

[39] 王群,丁彰雄,陈振华,等.超音速火焰喷涂微米和纳米结构 WC-12Co 涂层及其性能[J].机械工程材料,2007,31(4):17-20,24.

[40] HUANG Y,DING X,YUAN C Q,et al.Slurry erosion behaviour and mechanism of HVOF sprayed micro-nano structured WC-CoCr coatings in NaCl medium[J].Tribology international,2020,148:106315.

[41] MISHRA T K,KUMAR A,SINHA S K.Experimental investigation and study of HVOF sprayed WC-12Co,WC-10Co-4Cr and Cr$_3$C$_2$-25NiCr coating on its sliding wear behaviour[J].International journal of refractory metals and hard materials,2021,94:105404.

[42] ZHOU Y K,KANG J J,YUE W,et al.Sliding wear properties of HVOF sprayed WC-10Co$_4$Cr coatings with conventional structure and bimodal structure under different loads[J].Journal of tribology,2022,144(1):014501.

[43] VENTER A M,LUZIN V,MARAIS D,et al.Interdependence of slurry erosion wear performance and residual stress in WC-12%Co and WC-

10％VC-12％Co HVOF coatings[J].International journal of refractory metals and hard materials,2020,87:105101.

[44] 赵辉,丁彰雄.超音速火焰喷涂纳米结构 WC-12Co 涂层耐泥沙冲蚀性能研究[J].热加工工艺,2009,38(10):84-88.

[45] 周红霞,王亮,彭飞,等.纳米稀土对热喷涂 WC-12Co 涂层的改性作用[J].材料热处理学报,2009,30(2):162-166.

[46] DING X,CHENG X D,YUAN C Q,et al.Structure of micro-nano WC-10Co$_4$Cr coating and cavitation erosion resistance in NaCl solution[J]. Chinese journal of mechanical engineering,2017,30(5):1239-1247.

[47] 党哲,高东强.热喷涂制备耐磨涂层的研究进展[J].电镀与涂饰,2021,40(6):427-436.

[48] 陈清宇,富伟,杜大明,等.大气等离子喷涂和超音速火焰喷涂 WC-Ni 涂层组织结构和性能的对比[J].稀有金属材料与工程,2019,48(11):3680-3685.

[49] LI H,KHOR K A,YU L G,et al.Microstructure modifications and phase transformation in plasma-sprayed WC-Co coatings following post-spray spark plasma sintering[J].Surface and coatings technology,2005,194(1):96-102.

[50] 秦玉娇,吴玉萍,郑玉贵,等.超音速火焰喷涂 FeCrSiB 涂层的腐蚀行为[J].焊接学报,2014,35(4):103-107,118.

[51] FAN X J,LI W S,YANG J,et al.Optimization of the HVOF spray deposition of Ni$_3$Al coatings on stainless steel[J].Journal of thermal spray technology,2022,31(5):1598-1608.

[52] MURARIU A C,CERNESCU A V,PERIANU I A.The effect of saline environment on the fatigue behaviour of HVOF-sprayed WC-CrC-Ni coatings[J].Surface engineering,2018,34(10):755-761.

[53] LIU S W,WU H J,XIE S M,et al.Effect of stoichiometry conditions on the erosion and sliding wear behaviors of Cr$_3$C$_2$-NiCr coatings deposited by a novel ethanol-fueled HVOF process[J].Surface and coatings technology,2023,454:129084.

[54] BAUMANN I,HAGEN L,TILLMANN W.Process characteristics, particle behavior and coating properties during HVOF spraying of conventional,fine and nanostructured WC-12Co powders[J].Surface and

coatings technology,2021,405:126716.

[55] MI P B,WANG T,YE F X.Influences of the compositions and mechanical properties of HVOF sprayed bimodal WC-Co coating on its high temperature wear performance[J].International journal of refractory metals and hard materials,2017,69:158-163.

[56] 王志平,董祖珏,霍树斌,等.超音速火焰喷涂涂层特性研究[J].机械工程学报,2001,37(11):96-98.

[57] HONG S,WU Y P,WANG B,et al.The effect of temperature on the dry sliding wear behavior of HVOF sprayed nanostructured WC-CoCr coatings[J].Ceramics international,2017,43(1):458-462.

[58] TILLMANN W,HAGEN L,STANGIER D,et al.Microstructural characteristics of high-feed milled HVOF sprayed WC-Co coatings[J].Surface and coatings technology,2019,374:448-459.

[59] 王辉平,胡茂中.纳米技术与硬质合金[J].中国钨业,2001,16(2):30-32.

[60] MA N,GUO L,CHENG Z X,et al.Improvement on mechanical properties and wear resistance of HVOF sprayed WC-12Co coatings by optimizing feedstock structure[J].Applied surface science,2014,320:364-371.

[61] 赵辉,张云乾,丁彰雄.HVOF 喷涂纳米结构 WC-12Co 涂层的抗汽蚀性能[J].武汉理工大学学报(交通科学与工程版),2007,31(3):468-471.

[62] MA P,YANG Z L,FANG L F,et al.Microstructure and tribological behavior of Fe-based amorphous alloy fabricated by plasma spraying and laser remelting[J].Transactions of the Indian institute of metals,2023,76(4):1007-1014.

[63] 赵运才,张新宇,孟成.热喷涂金属陶瓷涂层后处理技术的研究进展[J].表面技术,2021,50(7):138-148.

[64] 潘力平,郑子云,刘红伟,等.激光重熔对镍基热喷涂涂层性能的影响[J].兵器材料科学与工程,2015,38(1):77-80.

[65] 杨可,李振宇,蒋永锋,等.激光重熔对 Al_2O_3-40％TiO_2 等离子喷涂层耐冲蚀性能的影响[J].焊接学报,2016,37(10):17-20.

[66] 赵运才,上官绪超,张继武,等.激光重熔改性 WC/Fe 等离子喷涂涂层组织及其耐磨性能[J].表面技术,2018,47(3):20-27.

[67] 刘红斌,万大平,胡德金.宽带激光重熔 WC-Co 陶瓷涂层组织与摩擦磨损性能[J].稀有金属材料与工程,2008,37(S1):344-347.

[68] 花国然,龚晓燕,居志兰,等.激光重熔 WC 复合陶瓷涂层组织及耐腐蚀性能[J].航空材料学报,2010,30(6):39-42.

[69] KONG D J,SHENG T Y.Wear behaviors of HVOF sprayed WC-12Co coatings by laser remelting under lubricated condition[J].Optics and laser technology,2017,89:86-91.

[70] GUO H F,TIAN Z J,HUANG Y H,et al.Microstructure and tribological properties of laser-remelted Ni-based WC coatings obtained by plasma spraying[J].Journal of Russian laser research,2015,36(1):48-58.

[71] QIAO L,WU Y P,HONG S,et al.Relationships between spray parameters, microstructures and ultrasonic cavitation erosion behavior of HVOF sprayed Fe-based amorphous/nanocrystalline coatings[J].Ultrasonics sonochemistry, 2017,39:39-46.

[72] LIU M M,YU Z X,ZHANG Y C,et al.Prediction and analysis of high velocity oxy fuel(HVOF) sprayed coating using artificial neural network[J]. Surface and coatings technology,2019,378:124988.

[73] ANDERSON B,HIPLITO D C F,SANCHEZ R A,et al.Artificial neural networks applied to the analysis of performance and wear resistance of binary coatings Cr3C237WC18M and WC20Cr3C27Ni[J].Wear, 2021,477:203797.

[74] 徐家乐,谭文胜,胡增荣,等.RBF 神经网络在激光熔覆钴基合金涂层稀释率预测中的应用[J].应用激光,2021,41(4):752-757.

[75] 刘干成,黄博.基于 GA-BP 神经网络的镍基合金熔覆涂层形貌预测[J]. 应用激光,2018,38(4):527-535.

[76] NGUYEN T P,DOAN T H,TONG V C.Multi-objective optimization of WC-12Co coating by high-velocity oxygen fuel spray using multiple regression-based weighted signal-to-noise ratio[J].Proceedings of the institution of mechanical engineers,Part B:journal of engineering manufacture,2021,235(6/7):1168-1178.

[77] 梁存光,李新梅.曲面响应法在等离子喷涂 WC-12Co 涂层工艺优化中的应用[J].材料科学与工艺,2018,26(2):90-96.

[78] 楚佳杰,韩冰源,李仁兴,等.基于响应曲面法的等离子喷涂 Ni60CuMo 涂层质量优化[J].材料导报,2023(3):1-15.

[79] LESZEK Ł, MIROSŁAW S, MONIKA N, et al. The effect of micro-structure and mechanical properties on sliding wear and cavitation erosion of plasma coatings sprayed from $Al_2O_3+40\%\ TiO_2$ agglomerated powders[J]. Surface and coatings technology, 2023, 455:129180.

[80] 刘越,叶宏,李礼,等.激光熔覆 Ni 基熔覆层形貌尺寸的预测[J].材料热处理学报,2021,42(11):140-146.

[81] 查柏林,王汉功,袁晓静.超音速火焰喷涂技术及应用[M].北京:国防工业出版社,2013.

[82] 王志平.超音速火焰喷涂技术特性分析与涂层性能及测试实验方法的研究[D].北京:机械科学研究总院,2001.

[83] CHENG D, TRAPAGA G, MCKELLIGET J W, et al. Mathematical modelling of high velocity oxygen fuel thermal spraying of nanocrystalline materials: an overview[J]. Modelling and simulation in materials science and engineering, 2003, 11(1):1-31.

[84] 张建平.超音速火焰喷涂中气固两相流的数值模拟与研究[D].武汉:华中科技大学,2009.

[85] SOLONENKO O P, GOLOVIN A A. Unstructured finite element modeling thermally sprayed cermet coatings post-treatment by pulsed high-energy fluxes[J]. Composite structures, 2016, 158:387-399.

[86] SAMKHANIANI N, ANSARI M R. Numerical simulation of superheated vapor bubble rising in stagnant liquid[J]. Heat and mass transfer, 2017, 53(9):2885-2899.

[87] WANG Y, KETTUNEN P. The Optimization of Spraying Parameters for WC-Co Coatings by Plasma and Detonation Gun Spraying[C]// 13th International Conf on Thermal Spray, Florida, USA, 1992.

[88] LECH PAWLOWSKI.热喷涂科学与工程[M].李辉,贺定勇,译.北京:机械工业出版社,2011.

[89] 徐滨士,刘世参.中国材料工程大典:第 16 卷 材料表面工程(上)[M].北京:化学工业出版社,2006.

[90] 王东生,田宗军,沈理达,等.等离子喷涂纳米团聚体粉末熔化过程数值模拟[J].中国机械工程,2009,20(4):417-422.

[91] SAYMAN O, SEN F, CELIK E, et al. Thermal stress analysis of Wc-Co/Cr-Ni multilayer coatings on 316L steel substrate during cooling

process[J].Materials and design,2009,30(3):770-774.

[92] LIU X M,SONG X Y,ZHANG J X,et al.Temperature distribution and neck formation of WC-Co combined particles during spark plasma sintering[J].Materials science and engineering:A,2008,488(1/2):1-7.

[93] 钦征骑.新型陶瓷材料手册[M].南京:江苏科学技术出版社,1996.

[94] WANG D S,TIAN Z J,WANG J W,et al.Finite element numerical simulation of thermal-mechanical coupling of nanostructured agglomerated powder during plasma spraying process[J].The Chinses journal of nonferrous metals,2010,20(10):1962-1970.

[95] 孙策,陆冠雄,郭磊,等.HVOF 喷涂 WC-12Co 粒子在不同基体上的沉积行为[J].稀有金属材料与工程,2016,45(3):749-754.

[96] LI C J,WANG Y Y.Effect of particle state on the adhesive strength of HVOF sprayed metallic coating[J].Journal of thermal spray technology,2002,11(4):523-529.

[97] WANG Y Y,LI C J,OHMORI A.Influence of substrate roughness on the bonding mechanisms of high velocity oxy-fuel sprayed coatings[J].Thin solid films,2005,485(1/2):141-147.

[98] SHIPWAY P H,BANSAL P,LEEN S B.Residual stresses in high-velocity oxy-fuel thermally sprayed coatings-modelling the effect of particle velocity and temperature during the spraying process[J].Acta materialia,2007,55(15):5089-5101.

[99] 孙策.HVOF 喷涂粒子与基体碰撞沉积行为研究[D].天津:天津大学,2014.

[100] 李长久,大森明,原田良夫.碳化钨颗粒尺寸对超音速火焰喷涂 WC-Co 涂层形成的影响[J].表面工程,1997(2):22-27.

[101] 郭华锋,李菊丽,孙涛,等.WC 颗粒增强 Ni 基涂层的残余应力及耐磨性能[J].金属热处理,2014,39(2):72-76.

[102] WANG L,WANG Y,SUN X G,et al.Finite element simulation of residual stress of double-ceramic-layer $La_2Zr_2O_7$/8YSZ thermal barrier coatings using birth and death element technique[J].Computational materials science,2012,53(1):117-127.

[103] HAIDER J,RAHMAN M,CORCORAN B,et al.Simulation of thermal stress in magnetron sputtered thin coating by finite element

analysis[J].Journal of materials processing technology,2005,168(1):36-41.

[104] 王海斗,徐滨士,姜褂,等.超音速等离子喷涂层的组织及性能分析[J].焊接学报,2011,32(9):1-4,113.

[105] KURODA S,TASHIRO Y,YUMOTO H,et al.Peening action and residual stress in HVOF thermal spray of 316L stainless steel[J].Journal of thermal spray technology,2001,10(2):367-374.

[106] 张世勋,王海龙,杨扬,等.ZrB₂基层状复合材料力学性能与应力影响分析[J].郑州大学学报(工学版),2012,33(4):98-102.

[107] LI Z X,ROSTAM K,PANJEHPOUR A,et a.Experimental and numerical study of temperature field and molten pool dimensions in dissimilar thickness laser welding of Ti6Al4V alloy[J].Journal of manufacturing processes,2020,49:438-446.

[108] 陈学定,韩文政.表面涂层技术[M].北京:机械工业出版社,1994.

[109] 库吉诺夫.等离子涂层[M].闻立时,译.北京:科学出版社,1981.

[110] 杨晖,潘少明.超音速等离子喷涂 WC-12Co 涂层的结合机理[J].材料热处理学报,2009,30(3):187-191.

[111] 陈书赢,王海斗,马国政,等.等离子喷涂层原生性孔隙几何结构的分形及统计特性[J].物理学报,2015,64(24):240504.

[112] ZHANG S D,ZHANG W L,WANG S G.Characterisation of three-dimensional porosity in an Fe-based amorphous coating and its correlation with corrosion behaviour[J].Corrosion science,2015,93:211-221.

[113] 朱春润,索科洛夫.成都粘土孔隙性的微观研究[J].地质灾害与环境保护,1994,5(3):37-47.

[114] 张平.热喷涂材料[M].北京:国防工业出版社,2006.

[115] JAFARI M,ENAYATI M H,SALEHI M,et al.Comparison between oxidation kinetics of HVOF sprayed WC-12Co and WC-10Co-4Cr coatings[J].International journal of refractory metals and hard materials,2013,41:78-84.

[116] 姬寿长,李争显,杜继红,等.Ti6Al4V 表面火焰喷焊 Ni 基 WC 涂层的组织和性能研究[J].稀有金属材料与工程,2008,37(S4):606-609.

[117] 李祖来,蒋业华,叶小梅,等.WC 在 WC/灰铸铁复合材料基体中的溶解[J].复合材料学报,2007,24(2):13-17.

[118] SUETIN D V,SHEIN I R,IVANOVSKII A L.Structural,electronic and magnetic properties of η carbides(Fe_3W_3C,Fe_6W_6C,Co_3W_3C and Co_6W_6C) from first principles calculations[J].Physica B:condensed matter,2009,404(20):3544-3549.

[119] 游兴河.WC 在 WC/钢复合材料中的溶解行为[J].复合材料学报,1994,11(1):29-35.

[120] 尤显卿,马建国,宋雪峰,等.电冶熔铸 WC/钢复合材料中 WC 的溶解行为[J].中国有色金属学报,2005,15(9):1363-1368.

[121] LOU D,HELLMAN J,LUHULIMA D,et al.Interactions between tungsten carbide(WC) particulates and metal matrix in WC-reinforced composites[J].Materials science and engineering:A,2003,340(1/2):155-162.

[122] 赵辉,王群,丁彰雄,等.HVOF 喷涂纳米结构 WC-12Co 涂层的组织结构分析[J].表面技术,2007,36(4):1-3,14.

[123] WANG D F,ZHANG B P,JIA C C,et al.Influence of carbide grain size and crystal characteristics on the microstructure and mechanical properties of HVOF-sprayed WC-CoCr coatings[J].International journal of refractory metals and hard materials,2017,69:138-152.

[124] GUILEMANY J M,PACO J M,MIGUEL J R,et al.Characterization of the W_2C phase formed during the high velocity oxygen fuel spraying of a WC+12 pct Co powder[J].Metallurgical and materials transactions A,1999,30(8):1913-1921.

[125] MI,P B,ZHAO H J,WANG T,et al.Sliding wear behavior of HVOF sprayed WC-(nano-WC-Co) coating at elevated temperatures[J].Materials chemistry and physics,2018,206:1-6.

[126] WANG Q,CHEN Z H,LI L X,et al.The parameters optimization and abrasion wear mechanism of liquid fuel HVOF sprayed bimodal WC-12Co coating[J].Surface and coatings technology,2012,206(8/9):2233-2241.

[127] SAHRAOUI T,GUESSASMA S,JERIDANE M I,et al.HVOF sprayed WC-Co coatings:microstructure,mechanical properties and friction moment prediction[J].Materials and design,2010,31(3):1431-1437.

[128] 王博,吴玉萍,李改叶,等.超音速火焰喷涂制备 WC-10Co-4Cr 涂层工艺参数的优化[J].机械工程材料,2012,36(10):58-61.

[129] 常维纯,宗少彬,李广群.工艺参数对 HVOF 喷涂 WC-Co 涂层磨损性能的影响[J].材料开发与应用,2006,21(3):30-33.

[130] 郭华锋,田宗军,黄因慧.等离子喷涂 WC-12Co/NiCrAl 复合涂层的摩擦磨损特性[J].中国表面工程,2014,27(1):33-39.

[131] LIDIA B,SORIN-BOGDAN B,ELIZA D,et al.Fretting and wear behaviors of Ni/nano-WC composite coatings in dry and wet conditions [J].Materials and design,2015,65:550-558.

[132] 张云乾,丁彰雄,范毅.HVOF 喷涂纳米 WC-12Co 涂层的性能研究[J].中国表面工程,2005,18(6):25-29.

[133] BABU S P,RAO S D,KRISHNA R,et al.Weibull analysis of hardness distribution in detonation sprayed nano-structured WC-12Co coatings [J].Surface and coatings technology,2017,319:394-402.

[134] 赵文明,王俊,翟长生,等.纳米复合涂层 $ZrO_2/0.05w(Al_2O_3)$ 力学性能的 Weibull 分布特性[J].中国表面工程,2005,18(4):13-17.

[135] 徐滨士,刘世参.中国材料工程大典:第 17 卷 材料表面工程(下)[M].北京:化学工业出版社,2006.

[136] 张显程.面向再制造的等离子喷涂层结构完整性及寿命预测基础研究[D].上海:上海交通大学,2007.

[137] 董洁,袁守谦,刘晓燕,等.Si_3N_4 陶瓷/45 钢钎焊接头残余热应力数值模拟[J].铸造技术,2008,29(9):1264-1266.

[138] 郭华锋,孙涛,李菊丽.不同摩擦条件下 TC4 钛合金摩擦学性能研究[J].热加工工艺,2014,43(10):40-43.

[139] 郭纯,陈建敏,周健松,等.WC-Co 添加量对激光熔覆镍基涂层微观结构及摩擦学性能的影响[J].材料保护,2012,45(1):23-26.

[140] 郭华锋,孙涛,李菊丽,等.TC4 钛合金表面等离子喷涂 Ni 基 WC 涂层的组织及性能分析[J].中国表面工程,2013,26(2):21-28.

[141] 刘建金,崔照雯,李斌,等.铜基体上超音速火焰喷涂 WC-12Co 涂层的摩擦磨损性能[J].粉末冶金技术,2014,32(3):190-194,234.

[142] 吴杰.新型 WC-Co 热喷涂粉末 HVOF 涂层制备及性能研究[D].赣州:江西理工大学,2016.

[143] GUPTA T K,BECHTOLD J H,KUZNICKI R C,et al.Stabilization of

tetragonal phase in polycrystalline zirconia[J].Journal of materials science,1977,12(12):2421-2426.

[144] 张永振.材料的干摩擦学[M].北京:科学出版社,2007.

[145] SKANDAN G,YAO R,KEAR B H,et al.Multimodal powders:a new class of feedstock material for thermal spraying of hard coatings[J]. Scripta materialia,2001,44(8/9):1699-1702.

[146] HOU G L,AN Y L,LIU G,et al.Effect of atmospheric plasma spraying power on microstructure and properties of WC-(W,Cr)$_2$C-Ni coatings[J]. Journal of thermal spray technology, 2011, 20 (6): 1150-1160.

[147] VASHISHTHA N,SAPATE S G.Abrasive wear maps for high velocity oxy fuel(HVOF) sprayed WC-12Co and Cr$_3$C$_2$-25NiCr coatings [J].Tribology international,2017,114:290-305.

[148] 尹斌,周惠娣,陈建敏,等.等离子喷涂纳米WC-12％Co涂层与陶瓷和不锈钢配副时的摩擦磨损性能对比研究[J].摩擦学学报,2008,28(3):213-218.

[149] ZHA B L,WANG H G,SU X J.Nano structured WC-12Co coatings sprayed by HVO/AF[C]//Thermal Spray 2004:Proceedings from the International Thermal Spray Conference,International Thermal Spray Conference.May 10-12,2004.Osaka,Japan.ASM International,2004.

[150] 丁彰雄,胡一鸣,赵辉.HVOF制备的微纳米结构WC-12Co涂层组织结构与抗空蚀性能[J].摩擦学学报,2013,33(5):429-435.

[151] FAN Z S,WANG S S,ZHANG Z D.Microstructures and properties of nano-structural WC-12Co coatings deposited by AC-HVAF[J].Rare metal materials and engineering,2017,46(4):923-927.

[152] IORDANOVA I,FORCEY K S.Texture and residual stresses in thermally sprayed coatings[J].Surface and coatings technology,1997,91(3):174-182.

[153] 伍超群,周克崧,刘敏,等.铜基体上超音速火焰喷涂镍基涂层残余应力分析[J].热加工工艺,2006,35(19):35-38.

[154] 翁礼杰.等离子喷涂HA复合涂层工艺参数优化与残余应力分析[D].杭州:浙江工业大学,2010.

[155] TOPARLI M,SEN F,CULHA OSMAN,et al.Thermal stress analysis

of HVOF sprayed WC-Co/NiAl multilayer coatings on stainless steel substrate using finite element methods[J].Journal of materials processing technology,2007,190(1/2/3):26-32.

[156] LARSSON C,ODÉN M.X-ray diffraction determination of residual stresses in functionally graded WC-Co composites[J].International journal of refractory metals and hard materials,2004,22(4/5):177-184.

[157] 叶义海.WC-CO 热喷涂层力学性能与残余应力研究[D].成都:西南交通大学,2010.

[158] KIM J H,OH W J,LEE C M,et al.Achieving optimal process design for minimizing porosity in additive manufacturing of Inconel 718 using a deep learning-based pore detection approach[J].Theinternational journal of advanced manufacturing technology,2022,121(3/4):2115-2134.

[159] 高晓颖,郑超,孟保利,等.喷涂工艺参数对 Ti-6Al-4V 合金表面 WC-17％Co 涂层孔隙率和显微硬度的影响[J].硬质合金,2022,39(6):468-474.

[160] 刘金刚,杨建花,王高升,等.TC4 钛合金表面激光熔覆 WC 增强镍基复合涂层的组织及耐磨性[J].稀有金属材料与工程,2022,51(8):2907-2914.

[161] 许中林,董天顺,康嘉杰,等.基于均匀设计的 NiCr-Cr$_3$C$_2$超声速等离子喷涂工艺参数优化[J].机械工程学报,2014,50(18):43-49.

[162] 周防震,罗凯.SPSS 与试验设计和统计分析应用指南[M].武汉:华中科技大学出版社,2019.

[163] 邓维斌,周玉敏,刘进.SPSS 23(中文版)统计分析实用教程[M].2 版.北京:电子工业出版社,2017.

[164] 同济大学数学系.概率论与数理统计[M].北京:人民邮电出版社,2017.

[165] 张国权,刘金山.应用概率统计[M].北京:中国农业出版社,2015.

[166] 唐启义.DPS 数据处理系统:实验设计、统计分析及数据挖掘[M].2 版.北京:科学出版社,2010.

[167] 关振中.激光加工工艺手册[M].2 版.北京:中国计量出版社,2007.

[168] 陈嘉伟,熊飞宇,黄辰阳,等.金属增材制造数值模拟[J].中国科学(物理学·力学·天文学),2020,50(9):100-124.

[169] BERTELLI F,MEZA E S,GOULART P R,et al.Laser remelting of Al-1.5 wtp alloy surfaces:numerical and experimental analyses[J].

Optics and lasers in engineering,2011,49(4):490-497.

[170] HAO M Z,SUN Y W.A FEM model for simulating temperature field in coaxial laser cladding of Ti6Al4V alloy using an inverse modeling approach[J].International journal of heat and mass transfer,2013,64: 352-360.

[171] LI C W,WANG Y,ZHAN H X.Three-dimensional finite element analysis of temperatures and stresses in wide-band laser surface melting processing[J].Materials and design,2010,31(7):3366-3373.

[172] PAUL C P,ALEMOHAMMAD H,TOYSERKANI E,et al.Cladding of WC-12Co on low carbon steel using a pulsed Nd:YAG laser[J].Materials science and engineering:A,2007,464(1/2):170-176.

[173] 王东生,田宗军,屈光,等.工艺参数对激光重熔等离子喷涂 Ni 基 WC 复合涂层影响[J].应用激光,2012,32(5):365-369.

[174] GUO H F,TIAN Z J,HUANG Y H.Laser surface remelting of WC-12Co coating:finite element simulations and experimental analyses [J].Materials science and technology,2016,32(8):813-822.

[175] ZHANG Y G,GAO X F,LIANG X B,et al.Effect of laser remelting on the microstructure and corrosion property of the arc-sprayed AlFeNbNi coatings[J].Surface and coatings technology,2020,398:126099.

[176] LI C G,WANG Y,GUO L X,et al.Laser remelting of plasma-sprayed conventional and nanostructured Al_2O_3-13% TiO_2 coatings on titanium alloy[J].Journal of alloys and compounds,2010,506(1):356-363.